"智慧海洋" 出版计划

The Wonders in the

U0614145

世界海洋之最

青岛海洋科普联盟　编

齐继光　丁剑玲　主编

文稿编撰　王雨辰　王语嫣　邓震伟
　　　　　安棋戎　李卫东　李秋慧
　　　　　闫　润　刘　聪　张芯嘉
　　　　　徐炳元
图片统筹　林婷婷

中国海洋大学出版社
·青岛·

编创团队

序

海洋，这片神秘的蔚蓝之境，是生命的源泉、资源的宝库，对于人类社会的生存和发展具有重要意义。海洋孕育了生命、联通了世界、促进了发展。人类居住的这个蓝色星球，被海洋连结成了命运共同体。建设海洋强国是习近平总书记的坚定信念，也是中华民族的世代夙愿。我国是陆海兼备的世界大国，海岸线长，管辖海域广袤，海洋资源富饶，拥有广泛的海洋战略利益。坚定走向海洋、建设海洋强国是顺应历史潮流之举，对于推动我国经济社会持续健康发展，维护国家主权、安全和发展利益，实现中华民族伟大复兴具有深远意义。处在"两个一百年"奋斗目标历史交汇点的中国巨轮，正向着深蓝色的海洋，向着中华民族伟大复兴的中国梦进发。建设海洋强国，实现海洋强国梦，必须全面加速提升公民的海洋科学素质。

为普及海洋科学知识，传承海洋文化基因，提升公众海洋科学素养，青岛市科学技术协会牵头组织，青岛海洋科普联盟对世界海洋之最进行梳理、汇总和挖掘、提炼，编辑出版了《世界海洋之最》一书。

本书是一本以探索海洋、认识海洋为宗旨，以知识性、科学性为出发点，以客观严谨的态度、通俗流畅的文字将各个世界海洋之最一一展示给广大读者的科普读物。本书分为五个章节，分别是自然地理、海洋生物、海洋科技、资源经济和历史文化，向读者介绍了大洋、极地、海峡、海岛和海洋生物等自然方面的世界海洋之最，还介绍了众多海洋科学研究成果、科考计划、科考站、科考设备和海洋油气、海水养殖、滨海旅游、海洋化工、深海采矿、海洋可再生能源发电、海洋药物、海洋新空间利用等海洋产业的发展情况，最后介绍了海洋科学家、探险家、海洋著作、海洋法律和公约等历史文化方面的世界海洋之最。内容全面，图文并茂，版式活泼，视觉多元，既有一定的知识性，又有一定的趣味性，因而对广大读者了解海洋、增长海洋知识、开阔视野大有裨益。

希望本书的出版，能够丰富青少年优质海洋图书供给，带领更多青少年走近海洋、认识海洋、热爱海洋，在心中埋下探索海洋的种子，进而燃起求知、创新、创造的智慧火花，照亮海洋强国之路；鼓舞我国新时代青年科研工作者以海为梦，潜心致研、自立自强、披荆斩棘、上下求索，围绕国家和地方发展重大战略需求，在更广领域、更深层次、更大范围内催生更多原创性、基础性、关键性成果；更希望《世界海洋之最》一书的出版，能够吸引更多的人投身到海洋知识的科普当中，共同提升海洋知识的科普转化效率，奋力谱写海洋事业发展新篇章，以全民的力量助力我国的海洋强国建设！

中国工程院院士
中国海洋大学副校长

目　录

世界海洋之最

目 录

世界海洋之最

目 录

世界海洋之最

目录

目
录

目 录

目
录

第一章

自然地理

世界上面积最大的洋、世界上渔获量最高的海域——太平洋

太平洋，面积居五大洋之首，东西最宽约 19 000 千米，南北最长约 16 000 千米，最大深度 11 034 米，面积约 1.813 亿平方千米，占地球表面积的 35%。

太平洋之名起源自拉丁文"Mare Pacificum"，意为"平静的海洋"，由航海家麦哲伦命名。受雇于西班牙的葡萄牙航海家麦哲伦于 1952 年 10 月，率领 5 艘船从大西洋找到了一个西南出口（麦哲伦海峡）向西航行，经过 38 天的惊涛骇浪后到达一个平静的洋面，他因此称之为太平洋。

太平洋的渔业生产自 20 世纪 60 年代中期以来一直居世界各大洋之首，海洋渔获量占世界总量一半以上，其主要渔场为北太平洋渔场和东南太平洋渔场。北太平洋渔场包括我国舟山渔场、日本北海道渔场、北美

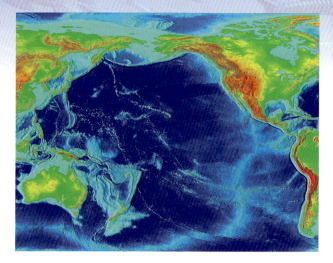

太平洋

洲西海岸众多渔场以及阿拉斯加湾和阿留申群岛海域各个渔场。其中，我国舟山渔场和日本北海道渔场位于西北太平洋海域；北美洲西海岸众多渔场位于东北太平洋海域；阿拉斯加湾和阿留申群岛海域各渔场位于北太平洋海域。这些大渔场的形成都与寒、暖流的交汇或寒流的上升补偿流有关，寒、暖流的交汇或寒流的上升补偿流可为鱼类带来大

量营养物质。如北海道渔场位于千岛寒流和日本暖流的交汇区域；北美洲西海岸众多渔场位于加利福尼亚寒流的上升补偿流区域。

世界上海水平均盐度最高的大洋——大西洋

大西洋，世界第二大洋，面积为7 676.2 万平方千米。希腊史诗《奥德赛》中大力士阿特拉斯（Atlas）顶天立地，知道世界上任何海洋的深度，并用石柱把天地分开，大西洋的名字即来源于阿特拉斯的名字，而大西洋本身也像大力士一样，充满力量，雄心勃勃，同时又神秘莫测，令人着迷。

大西洋全年气温变化不大，是世界上平均海水盐度最高的大洋，平均盐度为35.4。北大西洋是全球最强的二氧化碳吸收区，该区域可强烈地吸收大气中的二氧化碳，是地球上重要的碳库。

大西洋沿岸几乎都是各大洲最发达的国家和地区，贸易往来频繁，在世界航运中处于极为重要的地位，大西洋西面通过巴拿马运河连接太平洋，东穿直布罗陀海峡，经地中海、苏伊士运河通向印度洋，北连北冰洋，南接南极海域，航路四通八达，是世界环球航运体系中的重要环节和枢纽。

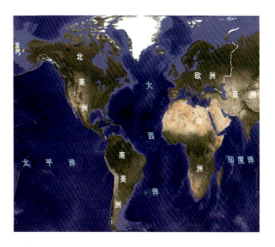

大西洋

自然地理

世界上海水平均盐度最低的大洋——北冰洋

北冰洋，是世界上最小、最浅和最冷的大洋，面积仅 1 500 万平方千米，不到太平洋的十分之一；它的平均深度为 1 097 米，最深处为 5 527 米；海水平均盐度仅 34.8，是平均盐度最低的大洋；最冷月气温为零下 20℃到零下 40℃，是五大洋中最"冷酷"的小弟弟。

北冰洋全部位于北极圈以北区域，被欧亚大陆和北美大陆环抱，借助狭窄的白令海峡与太平洋相通；通过格陵兰海和许多海峡与大西洋相连。随着全球变暖，北冰洋的海冰覆盖面积在逐年减小，并于 2012 年达到了有观测记录以来的最小值。根据现有数值模型预测，最早到 2040 年北冰洋可能出现夏季无冰的情况。

北冰洋地区矿产、油气和生物资源丰富，潜在航运价值巨大，具有重要的科研和战略意义。然而受限于北冰洋地区恶劣的气候条件，海上调查数据获取极其困难，人类对北冰洋的认知仍然相当有限。

北冰洋

世界上风力最强和风暴最频繁的区域——南极大陆

现实生活中，很少有人经历过 12 级（风速 32.7～36.9 米／秒）的大风暴。但是，在南极来一场 12 级以上的风暴简直就是"家常便饭"。南极年平均风速 19.4 米／秒，东南极大陆沿岸一带风力最强，地面风速可达 40～50 米／秒，远远超过了 12 级大风的风速。风速在 28 米／秒以上的大风屡见不鲜，平均每年 8 级以上的大风天气就有 300 天。1972 年澳大利亚莫森站观测到的最大风速为 82 米／秒。法国迪尔维尔站曾观测到风速达 100 米／秒的强风，是迄今为止世界上记录到的最大风速。可见，南极大陆是世界上风暴最频繁、风力最为强劲的大陆，因此，又被称为"风极"。

世界上气候变化最显著的区域——北极

北极，指地球自转轴的北端，也就是 90°N 的那一点。北极地区是指 66°34′N 北极圈以内的地区。

北极有着极昼和极夜的现象，且越接

北极冰川

近北极点越明显。这里有着世界上最美丽的奇观之一——极光，吸引着无数游客每年从世界各地前来一睹这壮丽的极地美景。这里冬天是漫长、寒冷而黑暗的，从每年的 11 月 23 日开始，有将近半年时间是完全看不见太阳的日子。这时候温度最低会降至零下 50℃。此时所有海岸都会冰封，海浪和潮汐都会消失，只有风裹着雪四处扫荡。直到四月份，天气才逐渐暖和起来，气温上升到冰点以上，北冰洋的边缘地带开始融化。到了夏季，太阳将连续几个星期都挂在天空中。

北极地区是世界上人口最稀少的地区之一，千百年以来，因纽特人在这里世代繁衍。

世界上盐度最高的海区——红海；世界上盐度最低的海区——波罗的海

红海位于非洲东北部与阿拉伯半岛之间，因为该海域生长着一些微藻，它的季节性繁殖将海水染成红褐色，有时连天空、海岸都被映得红艳艳的，因而将这里的海称为红海。红海受到东西两侧热带沙漠的包围，闷热无比且尘埃弥漫，降雨少，蒸发量却很高，盐度最高达 41.0，最终成为世界上最咸的海。

波罗的海海水盐度很低，是最淡的海，

红海

它的盐分都跑到哪里去了？这还要从它的诞生说起。最近一次冰期结束时，北极冰川融化，低盐度的冰水淹没了北欧等地。后来，冰川向北退去，剩下的水留在了低洼的谷地，形成了大海。冰水的盐度很低，加上波罗的海处于高纬度地区，阳光柔和，日照强度比红海小，照射时间也相对较短，蒸发量低，盐度很难上去。除此之外，它既有西风带带来的充沛降水，又有汩汩流入的众多河流，再加上波罗的海西部的厄勒海峡和卡特加特海峡又窄又浅，与大西洋的海水交换不畅，盐度高的海水不易进来，导致波罗的海海水的盐度比其他海低。

世界上面积最大的海——珊瑚海；世界上面积最大、最长的珊瑚礁群——大堡礁

珊瑚海是海洋生物的天堂，这天堂不仅辽阔，而且深邃。珊瑚海位于澳大利亚和新几内亚以东，新喀里多尼亚和新赫布里底岛以西，所罗门群岛以南，南北长约 2 250 千米，东西宽约 2 414 千米，珊瑚海的外线围绕一圈，面积足有 479.1 万平方千米，最深处达 9 174 米。珊瑚海周围几乎没有河流注入，水质清澈。受暖流影响，加上地处赤道附近，全年水温都在 20℃以上，最热的月份甚至超过 28℃。无数珊瑚虫在此繁衍生

波罗的海

大堡礁

息，它们分泌的石灰质骨骼与其死后的遗骸经数千年的堆垒增长形成了珊瑚礁。珊瑚礁又为海洋动物提供了优良的生活环境和栖息场所，世界三大珊瑚礁——大堡礁、塔古拉堡礁和新喀里多尼亚堡礁都位于这片海域。

其中，澳大利亚的大堡礁知名度最高。大堡礁由数千个相互隔离的礁体组成，落潮时，部分珊瑚礁露出水面形成珊瑚岛。大堡礁作为世界上面积最大、最长的珊瑚礁群，早在1981年就被联合国教科文组织列为世界自然遗产。不可思议的是，营造大堡礁这般浩大"工程"的"建筑师"，竟是直径只有几毫米的珊瑚虫！珊瑚虫死后留下的遗骸——石灰质骨骼，连同珊瑚虫分泌物，逐渐与藻类、贝壳等海洋生物残骸胶结起来，堆积成珊瑚礁体。珊瑚礁的构造过程异常缓慢，条件理想时，礁体每年也不过增厚3～4厘米。厚度已达数百米的礁岩，意味着这些"建筑师"早在很多年前就开始默默无闻地工作！

自然地理

世界上已发现可燃冰地区中饱和度最高的海——南海

南海，位于中国大陆的南方，是中国三大边缘海之一，自然海域面积约 350 万平方千米，其中中国领海总面积约 210 万平方千米，为中国近海中面积最大、最深的海区，平均水深 1 212 米，最大深度 5 559 米。

南海南北纵跨约 2 000 千米，东西横越约 1 000 千米，北起广东省南澳岛与台湾岛南端鹅銮鼻一线，南至加里曼丹岛、苏门答腊岛，西依中国大陆、中南半岛和马来半岛，东抵菲律宾。

南海有着丰富的海洋油气矿产资源、海洋能资源、港口航运资源、热带亚热带生物资源，是中国最重要的热带生态系统分布区。据调查测算，中国南海的可燃冰（天然气水合物）资源量达 700 亿吨油当量，相当于中国陆上油气资源总量的二分之一，是迄今为止海底最具开发前景的矿产资源之一。

南海

世界上沿岸国家最多的海——加勒比海

加勒比海位于西半球热带大西洋海域，总面积275.4万平方千米，平均水深2 491米，最大深度7 680米。

加勒比海区域有25个独立的主权国家，是沿岸国家最多的海域。西部与西北部是墨西哥的尤卡坦半岛和中美洲诸国；北部是包括古巴在内的大安的列斯群岛；东部是小安的列斯群岛，由15个国家占据；南部则是南美洲的哥伦比亚和委内瑞拉等国。

加勒比海水文特性的同质性高。以海面的月平均温度为例，各年的变化不超过3℃（25℃～28℃），同时加勒比海拥有世界上9%的珊瑚礁，面积约52 000平方千米。在加勒比海的许多海岛上都有以水肺潜水及珊瑚礁浮潜为基础的旅游业，为当地经济做出了巨大的贡献。此外，作为世界主要储油区之一，加勒比海每年产出石油约1.7亿吨，是一片名副其实的"石油海"。

世界上最浅的海——亚速海

浅浅一泓海水，全没了大海的雄浑厚实，却多了几分小家碧玉的情调。亚速海，被乌克兰和俄罗斯南部海岸裹挟，是世界上最浅的海。

亚速海是海中的小字辈，面积只有近3.8万平方千米，平均深度只有8米，它的最深处也就14米左右，在亚速海最深处盖一座5层楼房就能看到房顶，它甚至还不如一些大河、湖泊深，不愧是世界上最浅的海。

加勒比海

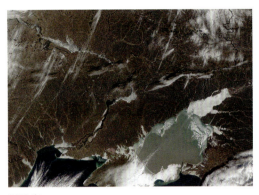

亚速海

别看亚速海又浅又小，它的货运量和客运量却很大，附近港口有塔甘罗格、马里乌波尔、叶伊斯克和别尔江斯克。由于某些地方太浅，大型远洋航运业的发展受到制约。冰期为每年的2月份，冬天需要破冰船助航。

世界上最小的海——马尔马拉海

海阔凭鱼跃，天高任鸟飞。若告诉鱼儿们亚洲小亚细亚半岛和欧洲巴尔干半岛之间的湛蓝海域是冒险的乐园，"立志"在广阔无边的海洋里畅游的鱼儿可要考虑清楚，因为那里是世界上最小的海——马尔马拉海。

"马尔马拉"在希腊语中不是"袖珍""小巧"的意思，而是指大理石。这是因为马尔马拉海的岛屿上盛产大理石，当地人自古便在此开采，于是就将"马尔马拉"这个名字送给了这片海。

小而精致如珍宝。马尔马拉海，东西长270千米，南北宽约70千米，面积为1.1万平方千米，平均深度183米，最深处达1 355米。相对于珊瑚海479.1万平方千米的面积，马尔马拉海充其量也只有它的1/400大。

马尔马拉海

世界上面积最大的陆间海——地中海

地中海，名字源于拉丁语，意即"大陆中间的海"。该名称始见于公元3世纪的古籍。公元7世纪时，西班牙作家伊西尔首次将地中海作为地理名称。

地中海

地中海东西长约4 000千米，南北最宽处约为1 800千米，面积为251.6万平方千米，是世界上最大的陆间海。地中海有时会"发火"，它处于欧亚板块和非洲板块交界处，是世界上最强的地震带之一，维苏威火山即位于该区域。

世界上面积最大的海湾——孟加拉湾

印度洋北部有一个宽约1 600千米，面积217万平方千米的海湾。这方海湾，在赤道之北，西靠印度半岛，东依中南半岛，北接缅甸、孟加拉国，它就是孟加拉湾。水深2 000～4 000米，南部较深，是世界上面积最大的海湾。

每年4月到10月，夏季及夏秋之交，热带低气压时常笼罩、徘徊于孟加拉湾，为这一海域带来强烈的风暴。风暴常常怒吼着，与海潮一道发作，翻卷着海水，向海岸奔去，扑向恒河—布拉马普特拉河河口，顷刻间，大雨倾盆，波浪滔天，危害极大。1970年，一次特大风暴使孟加拉国约30万人丧生，100多万人失去家园。

孟加拉湾

世界上潮汐落差最大的海湾——芬地湾

芬地湾的名字，源于葡萄牙语，意为"深深的海湾"。

或许，静坐海滩，观潮来潮往，感受浪花之吻，是极惬意之事。不过，你若来到大西洋西北部加拿大的芬地湾，就万不可掉以轻心了。如果说钱塘江涌潮是中国之最，那么芬地湾潮差则是世界之最。芬地湾的平均潮差为 10 米，还曾出现过 21 米高的潮差，巨大潮差蕴蓄着巨大的力量。芬地湾的地形特点类似杭州湾，它位于加拿大新斯科舍省与新不伦瑞克省之间，尾朝东，湾口向西，状似喇叭，虎视眈眈地欲吞进大量海水。对此的确不可小觑，它一次可吞入 1 000 亿吨的海水。然而，涌入的海水总会在半个潮周期内退回。于是，重潮叠浪，潮势惊人。也

芬地湾

有研究者指出，其潮差特别大可能缘于海湾的长、宽尺度与潮周期相关而引起的"共振"。

世界上海岸线最长的国家——加拿大

加拿大，是位于北美洲北部的北美海陆兼备国，东临大西洋，西濒太平洋，西北部邻美国阿拉斯加州，南接美国本土，北靠北冰洋，海岸线绵延 24 万多千米，是世界上海岸线最长的国家。

作为高度发达的资本主义国家，加拿大是世界工业大国和西方七大工业国之一。国土面积 998 万平方千米，居世界第二位，气候大部分为副极地大陆性气候和温带大陆性湿润气候，北部极地区域为极地长寒气候。加拿大共设 10 省 3 地区，首都为渥太华。截至 2020 年 10 月，加拿大人口为 3 800 万人。

加拿大原为印第安人与因纽特人的居住地。17 世纪初沦为法国殖民地，后被割让给英国。在殖民者的剥削统治下，土著居民锐减至 3%，目前人口组成主要为英、法等欧洲后裔，其余为亚洲、拉美、非洲裔等。

加拿大

世界上最长的海峡——莫桑比克海峡

在非洲大陆东岸与马达加斯加岛之间，有一条世界上最长的海峡——莫桑比克海峡。海峡全长 1 670 千米，平均宽度为 450 千米，大部分水深超过 2 000 米。

海峡两岸地形多变，西北方的莫桑比克海岸，是犬齿状侵蚀海岸；东北方的马达加斯加海岸逶迤绵延，是基岩海岸，时见珊瑚礁与火山岛；南部两岸是砂质冲积海岸，多沙洲与河口三角洲；赞比西河口是独特的红树林海岸。

莫桑比克海峡处于热带，年均水温超过 20℃，终年笼罩着湿热的氤氲。温暖的东风驱动的南赤道暖流，转南流入莫桑比克海峡，这便是升腾着热汽的莫桑比克暖流。海峡少大风，除夏季偶有飓风外，较为平静。

莫桑比克海峡

自然地理

世界上最深、最宽的海峡——德雷克海峡

位于南美洲南端与南极洲南设得兰群岛之间的德雷克海峡，长 300 千米，宽 900 千米～950 千米，平均水深 3 400 米，最深处 5 248 米，是世界上最深、最宽的海峡。

德雷克海峡是沟通太平洋与大西洋的重要通道。1914 年巴拿马运河开通前，这里航船往来如织；在巴拿马运河日益拥攘的今天，这里依然有众多船只航行其中。德雷克

德雷克海峡

海峡是南美洲至南极洲的最近海路，留下了前往南极洲的人们的纷纭足迹。

处于高纬度的德雷克海峡，是太平洋与大西洋的相遇之地；海峡两侧气压差较大，南极来的干冷空气与美洲的暖湿空气交流与

碰撞，造就了这里恶劣的气候：日复一日地吹刮着八级以上的大风，或见一二十米高的狂浪怒涛翻腾，从南极漂来的冰山漂浮隐现，万吨巨轮似落叶飘零，无数船只曾倾覆于深邃的大海。"杀人的西风带""暴风走廊""魔鬼海峡"的名称随之而来。

世界上面积最大的海岛——格陵兰岛

格陵兰岛，位于北美洲东北部，是丹麦属地之一。作为世界上面积最大的海岛，其面积约 216.6 万平方千米。格陵兰岛地处北美洲与欧洲的交界处，同时又沟通了北冰洋和大西洋。

格陵兰岛的首府为努克，又名戈特霍布。作为一个大部分地区位于北极圈内的岛屿，其主要居民为因纽特人，全岛终年严寒，是典型的寒带气候，沿海地区夏季最高温可高于零摄氏度，内陆部分则终年冰冻。整个岛屿超过 80% 的土地被冰川覆盖，冰盖总面积约 183.4 万平方千米，如果格陵兰岛的冰川全部融化，将会使全球海平面上升约 7.2 米。

格陵兰岛自然资源丰富，陆上和近海石油以及天然气储量相当可观，仅格陵兰岛的东北部就蕴藏着 310 亿桶的石油储量，几乎是丹麦所属的北海地区储油量的 80 倍。同时，格陵兰岛上的物种多样，水产丰富，是北极地区濒危植物、鸟类和兽类的天然避难所。

格陵兰岛

世界上地势最高的岛屿——新几内亚岛

新几内亚岛，又称伊里安岛，是太平洋第一、世界第二大的岛屿，仅次于格陵兰岛。新几内亚岛是马来群岛东部岛屿，位于澳大利亚以北、太平洋西部、赤道南侧。西与亚洲东南部的马来群岛毗邻，南隔阿拉弗拉海和珊瑚海与澳大利亚大陆东北部相望。

岛上 141°E 以东及新不列颠、新爱尔兰等岛屿为独立国家巴布亚新几内亚；141°E 以西及沿海岛屿为印度尼西亚的巴布亚和西巴布亚两省。

新几内亚岛

新几内亚岛面积约78.6万平方千米，全岛呈西北—东南走向，东西长约2 400千米，中部最宽处650千米。岛上多山，中部地区群山盘结，自西北伸向东南，形成连绵延续的中央山脉。大部分山地、高原，海拔都在4 000米以上，最高峰查亚峰高达4 884米，是世界上地势最高的岛屿。

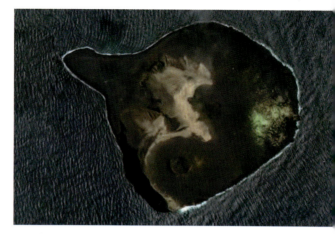

苏特塞岛全貌

世界上最年轻的火山岛——苏特塞岛

苏特塞岛，又名叙尔特塞岛，是冰岛外海的一座火山岛，也是冰岛领土的最南端，距冰岛的南海岸约32千米。

苏特塞岛形成于海面下130米的火山爆发，于1963年11月14日凸出海面。火山喷发一直持续到1967年6月5日，岛的面积也达到最大值2.7平方千米。此后，在风和波浪的侵蚀作用下，苏特塞岛的面积锐减至2002年的1.4平方千米。

苏特塞岛属于大西洋洋中脊韦斯特曼纳群岛海底火山群，从形成的那一刻起，苏特塞岛就成了一个天然的实验室。地质学家在火山喷发期间研究这座岛屿以探索地球的奥秘，植物学家和动物学家研究生态系统在小岛上从自然诞生到趋向完整的演进过程，以追寻生命的起源。2008年根据自然遗产遴选依据标准，苏特塞岛被联合国教科文组织世界遗产委员会批准作为自然遗产被列入《世界遗产目录》。

世界上最大的半岛——阿拉伯半岛

阿拉伯半岛地处交通要塞，东临波斯湾、阿曼湾，南临亚丁湾和阿拉伯海，西隔红海与非洲大陆相望，北与亚洲大陆相接，面积达322万平方千米，是世界上最大的半岛。

半岛海拔1 200～2 500米，地势自

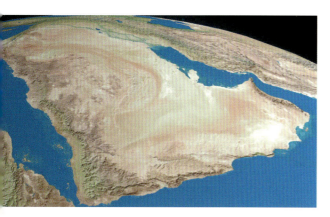

阿拉伯半岛

西南向东北倾斜，是古老平坦台地式高原。受副热带高压和离岸信风的影响，几乎整个阿拉伯半岛都属于热带沙漠气候，炎热干燥的气候形成了占半岛总面积 1/3 的大片沙漠，其中最大的沙漠为半岛南部的鲁卜哈里沙漠，面积达 65 万平方千米。

阿拉伯半岛及附近的海湾中蕴藏着大量的石油，探明储量约占世界总量的 1/2，岛上许多国家都以此为经济支柱。其中沙特阿拉伯是世界上生产石油最多的国家，石油工业产值占国民经济总产值的 80% 以上，被称为"石油王国"。

世界上最小的岛国——瑙鲁共和国

瑙鲁，位于太平洋中部，赤道线以南 60 千米处，由一椭圆形珊瑚礁岛构成。全岛长 6 千米，宽 4 千米，海岸线长约 30 千米，面积约 24 平方千米，骑自行车环岛一周仅需 1 小时，是世界上最小的岛国。瑙鲁属热带雨林气候，降水较多，但地表渗透强烈，且最高海拔仅 61 米，因此不发育河流，淡水资源严重匮乏，岛上唯一的湖泊布阿达湖也是咸水湖。

千万年来，太平洋上无数海鸟来到这里栖息，留下大量鸟粪，在赤道高温环境及岛上独特的地质条件作用下形成了约 10 米厚

瑙鲁共和国

印度尼西亚共和国

的磷灰岩，覆盖全岛约 3/5 的面积，其中富含的磷酸盐则为瑙鲁最重要的自然资源。20 世纪七八十年代，瑙鲁曾依靠磷酸盐出口成为太平洋岛国首富，但随着磷酸盐资源的枯竭，国家经济状况急剧恶化。

世界上最大的群岛国家——印度尼西亚共和国

印度尼西亚共和国位于亚洲东南部，地跨赤道，由 17 500 多个岛屿组成，陆地面积约 190.4 万平方千米，海岸线总长 54 716 千米。印度尼西亚是典型的热带雨林气候，年平均温度 25℃～27℃，无四季分别，年降水量 1 600～2 200 毫米。

作为世界上最大的群岛国家，印度尼西亚渔业资源丰富，海洋鱼类多达 7000 种，潜在捕捞量超过 800 万吨／年，苏门答腊岛东岸的巴干西亚比亚是世界著名的大渔场。同时印度尼西亚拥有丰富的矿产资源，矿业产值占 GDP 的 10.5%。

印度尼西亚处于印度洋板块和太平洋板块交界处，而板块和板块的交界处不稳定，地震和火山活动频发，因此被称为"火山之国"。火山爆发，一方面会带来严重的地质灾害，另一方面喷发出的火山灰提供了肥沃的土壤环境，喷发出的岩浆冷凝后也会增加岛屿面积。

世界上最大的珊瑚岛——夸贾林岛

夸贾林岛是太平洋马绍尔群岛最大岛屿，同时也是世界上最大的珊瑚岛，位于8°43′N、167°44′E，由93个小礁屿组成，环礁的总面积为16平方千米，陆地面

夸贾林岛

积15平方千米，内有环礁湖，礁湖面积达1 684平方千米，是世界最大的环礁湖。

夸贾林岛因其得天独厚的地理位置优势，第二次世界大战后被美国海军定为补给、通讯站，被美国陆军选为反弹道导弹试验场，同时也肩负着"星球大战"计划前沿阵地的重任。美军在此部署的超级雷达可准确跟踪到40 233.6千米以外的太空目标。夸贾林岛上实验室人数达5 000人，同时还有多个公司，包括著名的Space X公司，在此建设有猎鹰一号火箭及猎鹰五号火箭的发射台。

世界上最深的海沟——马里亚纳海沟

世界的最高点在珠穆朗玛峰，而最低点则在马里亚纳海沟。马里亚纳海沟位于马里亚纳群岛附近的太平洋海底，是全球海洋最深的地方，海沟大部分水深在8 000米以上，最深处"挑战者深渊"达11 034米，压力是海平面压力的1 100倍。海沟底部在海平面之下的深度，远胜于珠穆朗玛峰在海平面之上的高度，是名副其实的世界最低点。这里高压、漆黑冰冷、含氧量低、食物资源匮乏，是地球上环境最恶劣的区域之一，但仍有深海生物在此生活，它们的眼睛常常退化，肌肉和骨骼也发生巨大变化以适应海底的高压环境。一般认为，马里亚纳海沟是太平洋板块向菲律宾板块下俯冲形成的，整个俯冲体系全长约2 800千米，呈南北走向。

自然地理

马里亚纳海沟

2020 年 11 月 10 日 8 时 12 分，中国"奋斗者"号载人潜水器在马里亚纳海沟成功坐底，坐底深度 10 909 米。

世界上最长的海沟——秘鲁 - 智利海沟

秘鲁 - 智利海沟，也被称为阿塔卡马海沟，位于秘鲁和智利海岸西约 160 千米处，在理查德深渊处达到最大深度 8 065 米，其覆盖面积约 59 万平方千米，平均宽度 64 千米，长度约为 5 900 千米，为世界上最长的海沟。海沟内充满了厚 2.0 千米～2.5

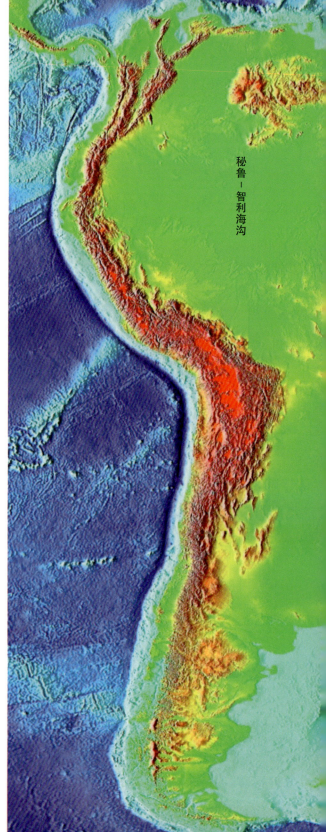

秘鲁 - 智利海沟

千米的沉积物，构成了相对平坦的底部地形。其底层沉积物主要为浊积岩，夹杂着黏土、火山灰和硅质软泥等海洋沉积物，同时含有金属物质。

秘鲁 - 智利海沟是由于纳斯卡板块向南美板块之下俯冲而形成的，同时由于俯冲作用导致地震频发，人类有记录以来的最强烈地震就发生于此：1960 年的瓦尔迪维亚地震，震级达到 9.5 级，该次地震引发的海啸严重冲击了智利海岸，甚至波及距离震中 10 000 千米的地方，带来难以估计的巨大损失。

世界上规模最大的山系——大洋中脊

19 世纪 70 年代，英国"挑战者"号考察船在进行环球海洋考察时，隐约觉得大西洋洋底的中部似乎要高一些，19 世纪末期在铺设海底电缆时，人们发现大西洋洋底中部确实比两侧高出了许多。20 世纪 20 年代，德国"流星"号考察船利用回声探测技术，首先确认了大西洋洋底中部长达 1.7 万千米的海底山脉。第二次世界大战后，全球规模的大洋测深相继在太平洋、

大洋中脊

印度洋和北冰洋发现了类似的山脉。1956年，美国学者希曾和尤因汇总了世界洋底的地貌资料，明确了洋底存在一条贯穿各大洋的巨大山脉，取名大洋中脊，简称洋中脊或中脊。大洋中脊全长约 6.5 万千米，顶部水深大都在 2 000～3 000 米，高出洋盆 1 000～3 000 米（有的地方露出水面成为岛屿，如大西洋的冰岛、亚速尔群岛，太平洋的复活节岛等），宽数百至数千千米。若从大洋盆地相对隆起的地方（中脊根部）算起，其面积约占洋底总面积的 32.8％，是世界上规模最大的环球山系。

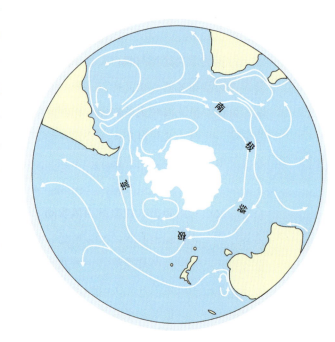

南极绕极流

世界上最强大的海流——南极绕极流

在寒冷的南极大陆周围，环绕着一股全球最强大的海流——南极绕极流，也称南极环极流。在广袤的南大洋上，35°S～65°S 之间的区域，是南极绕极流的势力范围。而这也是西风带的范围，西风驱动着海水自西向东流转，南极绕极流也被称作西风漂流。这一纬度完全是海的天地，太平洋、大西洋、印度洋南部的海水随着这股海流畅快流转，回环往复。南极绕极流的强劲之处不仅在此，尽管流速并不是最大的，流量却极为可观。一般风海流随深度增加运动减慢的特征在此并不明显，南极绕极流牵动的海水极其深厚。

日夜奔涌的海流是一道热量交流屏障，横在南极大陆与温暖海水之间，南极大陆遂在地球之隔自顾自地演绎着那永久的寒冷。

世界上最强的暖流——湾流

神秘的加勒比海与墨西哥湾，是大西洋北赤道暖流和圭亚那暖流的汇聚地，它们汇聚后从佛罗里达海峡重新出发，称作佛罗里达暖流，之后它又与自东南而来的安的列斯暖流会合，共同沿北美大陆架北上，至美国东海岸的哈特勒斯角处变为东北向流，这是狭义的墨西哥湾暖流。在盛行西风吹动下，又转为东向流，至 40°N、30°W 处，海流分为两支，其一流向北欧海域，为北大西洋暖流，最终可入北冰洋，另一沿西非海岸南下可回赤道。这股源于墨西哥湾、横穿大西洋、进入北冰洋的海流便是世界上第一大海洋暖流——广义的墨西哥湾流，亦称湾流、墨西哥湾暖流。 墨西哥湾流全长约 5 000 千米，宽度 100 千米～150 千米，厚度 700～800 米，最深达 4 000 米，最大流速约 2.2 米／秒。它气势磅礴，流量居世界暖流之首，流势最猛处流量为 1.5 亿立方米／秒，相当于全球江河径流总量的 120 倍。由于墨西哥湾流的存在，来自赤道的热量源源不断地经墨西哥湾流通过北大西洋暖流输送至北欧。这使得原本处于高纬度、与我国冰城哈尔滨同纬度的北欧，变得相对湿热，形成了明显的海洋性气候。

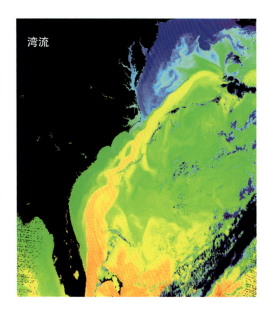

湾流

全球受地震海啸灾害影响最大的、受赤潮影响最严重的国家——日本

日本是东亚的一个岛国，位于西北太平洋，面积约 37.8 万平方千米。其作为一地形狭长、四面环海的岛国，日本常年受海啸、赤潮等海洋灾害的影响，为全球受地震海啸灾害影响最深的、受赤潮影响最严重的国家。

日本地处亚欧板块与太平洋板块的交汇处，地震以及地震引发的海啸活动频发，近年来最严重的一次是 2011 年的东日本大地震，其引发的海啸造成了福岛第一核电站核泄漏。除地震海啸外，日本也常年受赤潮的严重影响。以濑户内海为例，1955 年前就发生过 5 次赤潮，1966—1980 年 15 年间竟先后发生了 2 589 次，平均每年 170 余次，其中造成严重危害的 305 次。1975 年和 1976 年两年，每年都在 300 次以上。据统计，1969—1973 年 5 年间，日本全国因赤潮造成的渔业经济损失达 2 417 亿日元，每年平均几百亿日元。

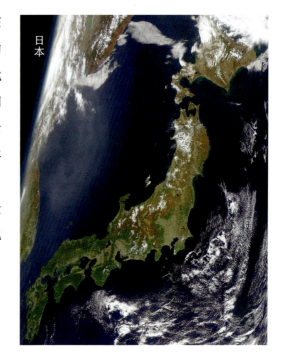

日本

1960 年 5 月 22 日地震之后的一条大街

人类历史上第一强震海啸发生地——智利海域

智利处于安第斯山脉与东太平洋板块交汇处，地形狭长，一直是地震与火山活动活跃的区域。1960年5月21日凌晨，在智利的蒙特港附近海底，突然发生了罕见的强烈地震，震中位于圣地亚哥以南700千米附近，震级达9.5级，是观测史上记录到规模最大的地震。这次地震引起的海啸严重冲击了智利海岸，掀起了高达25米的海浪，其中瓦尔迪维亚是受到影响最严重的城市，十几个小时内巨浪反复袭来又退去，将智利沿岸洗劫一空。这次地震一直持续到6月23日，在前后1个多月的时间内，先后发生了225次不同震级的余震，其中震级在7级以上的有10次之多，震级大于8级的有3次，震级之高、持续时间之长、波及面积之广、灾害之大，实属历史罕见。据估计，这次灾难死亡人数达6000人，经济损失数亿美元。

有记录的最大风暴潮——密西西比/7.5米

风暴潮是一种令人望而生畏的自然现

风暴潮

象。极端天气（例如台风、飓风、气旋）造成的海水水位暴涨叠加正常的天文潮汐，将会蕴含巨大的能量。其强大的力量使风暴潮位居海洋灾害之首。

一般情况下，当风暴潮导致的增水超过 3 米，就可以被定义为超强风暴潮。但是在 1964 年的美国，由于卡米尔飓风导致的风暴潮，在密西西比的一个观测站，记录到了增水达到了 7.5 米，比最大标准的两倍还要多。因此成为有记载以来最高的风暴潮。

由于近些年科技水平的提高及科学家们的努力，海洋预报能力愈发增强。尽管我们无法阻止风暴潮的发生，但是由于我们可以预报出风暴潮来临的时间和强度，进而进行相应的预防措施，所以风暴潮如今造成的损失越来越少。

第二章　海洋生物

世界上最耐寒的海洋鸟类——企鹅

企鹅是最耐寒的海洋鸟类，属于鸟纲企鹅目企鹅科。关于企鹅的物种划分，科学界还存在争议。目前，WoRMS（World Register of Marine Species）网站记录有19种企鹅。这些企鹅分布于南半球，分散在南极洲、非洲南部、大洋洲、南美洲沿海。

企鹅高度适应寒冷环境以及游泳、潜水生活。它们具有厚厚的皮下脂肪；羽毛特化成鳞片状，能防止海水浸润；前肢桨状，适于划水；短腿，趾间具蹼。企鹅的主要食物是甲壳动物、软体动物和鱼。

帝企鹅（*Aptenodytes forsteri*），也叫皇帝企鹅，是体形最大（最高、最重）的企鹅，分布在南极。成年帝企鹅的体长可达1.2米，体重为20～45千克。帝企鹅背部和桨状前肢呈黑色，腹部白色，颈部淡黄色，耳部呈鲜艳的橘黄色。帝企鹅善于潜水，潜水深度超过500米。它们在南极大陆冰上繁殖，雄鸟孵卵，双亲共同抚育雏鸟。帝企鹅被世界自然保护联盟评估为易危物种。

世界上体形最大的鲎——中国鲎

鲎，属肢口纲剑尾目的节肢动物，因头胸甲形如马蹄，又名马蹄蟹。鲎现生种类只

帝企鹅

有1科3属4种，全部生活于海洋中。除美洲鲎分布于北美洲沿海外，其余3种——中国鲎（*Tachypleus tridentatus*）、圆尾鲎、南方鲎都分布于亚洲沿海。

鲎最早的化石记录上溯至奥陶纪。鲎至今仍保留它原始而古老的相貌，堪称海洋里的远古遗民，有"活化石"之称。

鲎有4只眼睛，包括2只单眼、2只复眼。鲎的血液中含有铜离子，呈蓝色。从鲎的血液中提取制备的"鲎试剂"可以准确、快速地检测细菌内毒素，被广泛用于制药、临床以及科研等领域。

中国鲎是体形最大的鲎，在我国主要分布于南海及东海南部。其在产卵季节常集群出现于潮间带海滩。中国鲎被世界自然保护联盟评估为濒危物种，它和圆尾鲎是国家二级重点保护野生动物。

鲎

世界上体形最大的海龟——棱皮龟

棱皮龟（*Dermochelys coriacea*）是体形最大的海龟，又叫革龟，属于棱皮龟科。棱皮龟全长可以超过 2 米，体重通常 250 ~ 700 千克。有文献报道其体重甚至可达 1 吨左右。棱皮龟头部没有鳞片，背部最外面是薄而坚韧的皮肤，皮肤骨化形成众多小骨板，这些小骨板镶嵌形成了柔韧的背甲。7 条棱嵴纵贯背部，棱皮龟之名也来源于此。背甲下，是被厚厚的棕色脂肪层包围的骨架。

棱皮龟

棱皮龟分布非常广泛，太平洋、大西洋和印度洋都能见到它们的身影。它们主要摄食水母、海绵和海鞘等生物。

棱皮龟在海中完成交配。雌海龟漂洋过海，到达产卵海域，选择柔软的沙滩，于夜晚掘穴产卵。产卵后，它们会在卵上覆盖上沙子。经过数十天的孵化，小棱皮龟于夜晚破壳而出，爬向大海。

在人为捕捞、塑料污染、气候变化、栖息地减少等多种因素的影响之下，棱皮龟的数量急剧减少。棱皮龟在我国已经被列为国家一级重点保护野生动物。

世界上体形最大的浮游动物——北极霞水母

北极霞水母（*Cyanea capillata*），又称狮鬃水母，是体形最大的水母，也是体形最大的浮游动物，属于刺胞动物门钵水母纲旗口水母目霞水母科。其因口周围有橙红色触手，状如鬃毛而得名。北极霞水母伞径可达 2 米。其触手多达上千条，长度可超过 30 米。

北极霞水母主要分布于北冰洋、北大西洋、北太平洋冷水域的浅水区，以浮游动物、小型鱼类等为食。北极霞水母触手上分布有大量刺细胞，每个刺细胞都有一个特殊的细胞器——刺丝囊。在受到刺激时，刺丝囊会释放刺丝，攻击猎物或捕食者。

北极霞水母

世界上现存唯一一类具有外壳的头足纲动物——鹦鹉螺

鹦鹉螺是现存的唯一一类具有外壳的头足纲动物，属于鹦鹉螺亚纲鹦鹉螺目鹦鹉螺科，分为两个属，一共包括六个物种。鹦鹉螺栖息于印度—太平洋热带海域。从海洋表层到七八百米深海，都有鹦鹉螺的踪影。我国南海和台湾海域有鹦鹉螺分布。

鹦鹉螺的腕有数十条。其壳左右对称，壳的表面光滑，呈白色，后方具辐射排列的橘色条状斑纹。鹦鹉螺的壳内腔分为诸多隔室，包括一个容纳身体的住室和多个填充气体的气室。壳室的数量会在鹦鹉螺生长的过程中不断增加，达到三十余个。鹦鹉螺壳截面呈现接近完美的对数螺线，堪称大自然的杰作。

鹦鹉螺亚纲的物种早在寒武纪晚期就已

海洋生物

鹦鹉螺

因个体不同而有别。

鹦鹉螺广泛分布在印度洋、太平洋和大西洋的热带和温带海域，它们的滤食片上虽然长有300多排细小的牙齿，却是温和的滤食性生物。它们以桡足类、磷虾、水母等浮游生物以及小型鱼和头足类等为食。

许多小鱼，如黄鹂无齿鲹，常跟随鲸鲨，寻求庇护。鲫鱼也会吸在鲸鲨身体上遨游四海。鲸鲨以其庞大的身躯，让诸多海洋生灵有所依靠。

鲸鲨

出现。在数亿年的时间里，鹦鹉螺的身体构造等变化很小，它们因此被称作"活化石"。

鹦鹉螺科的所有现存物种均已被列入《濒危野生动植物种国际贸易公约》的附录Ⅱ中。我国也已经将鹦鹉螺列为国家一级重点保护野生动物。

世界上最大的鱼——鲸鲨

鲸鲨（Rhincodon typus）是最大的鱼，属于须鲨目鲸鲨科。它们体长可超过15米，最大个体可达20米。鲸鲨头部大而扁，嘴部宽度可达1.5米。它们的身体微扁，背部灰色或者褐色，腹部白色。鲸鲨背部有着灰白色或白色的斑点和条纹，这些斑点和条纹

鲸鲨被世界自然保护联盟评估为濒危物种，在我国被列为国家二级重点保护野生动物。

世界上最小的海鸟——海燕

海燕是体形最小的海鸟，属于鹱形目海

燕科。其体长仅有 13 ～ 26 厘米。海燕科有 20 余个物种。

海燕背部羽毛多为黑色、灰褐色；鼻管基部合为一管，开孔于嘴峰中央；尾为叉形或楔形。

海燕主要捕食小型海洋鱼类、软体动物和甲壳动物。它们是大洋性鸟类，繁殖时会上岸。

海燕成群筑巢繁殖，实行"一夫一妻制"，每次产下一枚蛋。蛋的孵化期为 40 ～ 50 天。

有研究称，海燕寿命可达 30 年。

海洋中唯一的草食性哺乳动物——海牛目动物

海牛目动物，在种类繁多的海洋哺乳动物中是相当特殊的一群，海牛目分为两个科：海牛科和儒艮科。海牛目所属物种均为草食性，以海草和其他水生植物为食。海牛科包含 3 种海牛，全部生存在大西洋近岸水域，儒艮科则只有儒艮 1 种，分布在太平洋及印度洋的热带、亚热带近岸水域，在我国分布于广西、广东、海南和台湾沿岸海域。

海牛目的动物非常适应水中的生活，它们体形庞大，却很擅长在水中游泳觅食。它们没有后肢与背鳍，身上毛发稀疏，前肢呈桨状，便于游泳。儒艮科动物与海牛科动物体形相似，主要区别在尾部：海牛科的尾巴宽大且略呈圆形，儒艮科则是 V 型尾（也称新月尾），形状酷似海豚尾。由于雌性海牛目动物的鳍肢下方具乳房，哺乳时会露出水面拥抱幼崽，因此有"美人鱼"之称。

儒艮

海牛

海洋生物

世界上最大的齿鲸——抹香鲸

抹香鲸（Physeter macrocephalus）是体形最大的齿鲸，也是头与身体比例最大的鲸，属于抹香鲸科。

抹香鲸体长可超过20米，体重可达80吨。其头部特别大，占全身长度的1/4～1/3，因此又被称为"巨头鲸"。其上颌齐钝，远远超过下颌。抹香鲸只有下颌长着稀疏的圆锥形牙齿。抹香鲸背部通常呈深灰色、黑色或棕褐色，腹部则呈银灰色。

抹香鲸广泛分布于世界不结冰的海域。它们喜食头足类，体形巨大的大王乌贼也在它们的食谱中。

抹香鲸是除南象海豹和柯氏喙鲸外潜水最深的哺乳动物。抹香鲸头部含有鲸脑油，能起到浮力调节器的作用。它们的潜水深度超过2 000米。

龙涎香是抹香鲸肠道内难以消化的固体物质经很长时间的复杂变化而形成的，这是一种极好的保香剂。抹香鲸的名字也是由此而来的。

抹香鲸

抹香鲸被世界自然保护联盟评估为易危物种，在我国被列为国家一级重点保护野生动物。

世界上体形最大的动物——蓝鲸

蓝鲸（Balaenoptera musculus）属于须鲸科，有"海上巨人"之称，是地球上体形最大的哺乳动物。蓝鲸最大体长约30米，最大体重超过190吨。蓝鲸的舌头可超过

蓝鲸

2 吨重，心脏可达 190 千克，主动脉直径超过 20 厘米。

蓝鲸呈世界性分布。它们主要以磷虾为食，偶尔也吃桡足类。蓝鲸很少集成大群，大多独来独往，也有两三头相伴生活的情况。

蓝鲸是一种海洋哺乳动物，和其他的哺乳动物一样，是用肺进行呼吸的。蓝鲸被世界自然保护联盟评估为濒危物种，在我国被列为国家一级重点保护野生动物。

世界上最大的双壳纲动物——大砗磲

大砗磲（Tridacna gigas），又称库氏砗磲，是最大的双壳纲动物。其壳长超过 1 米，体重超过 200 千克。大砗磲壳厚而坚实，腹缘呈弧形；表面粗糙，有数条放射肋，通常呈灰色；内面是白色。其外套膜共生有虫黄藻，呈现黄色、绿色、蓝色等多种色彩。

库氏砗磲

大砗磲壳顶有足丝孔，足丝从中伸出，用于固着。

大砗磲生活在印度洋和太平洋热带珊瑚礁海域，大部分生长所需的能量由体内共生的虫黄藻供应。

大砗磲也是贝类中的"老寿星"。据估计，它们的寿命可以超过 100 年。

大砗磲被世界自然保护联盟评估为易危物种，在我国被列为国家一级重点保护野生动物。

海洋生物

世界上最长的软体动物——大王乌贼

大王乌贼（Architeuthis dux）是世界上最大的无脊椎动物之一，也是世界上最长的软体动物，属于头足纲十腕总目大王鱿科。一般雌性大王乌贼要比雄性略长。目前发现的最大标本全长13米，体重275千克。

大王乌贼分布广泛，它是海洋里活跃的掠食者，主要捕食小型鱼类和其他头足类。

大王乌贼

抹香鲸是大王乌贼的天敌。当抹香鲸攻击大王乌贼时，大王乌贼会利用吸盘对抹香鲸造成伤害。另外，领航鲸、分布在深海的睡鲨等偶尔也捕食大王乌贼。

世界上最小的鱼——短壮辛氏微体鱼

在海洋中体形最小的鱼是短壮辛氏微体鱼（Schindleria brevipinguis），又名斯托特辛氏鱼、胖婴鱼，属于鲈形目虾虎鱼亚

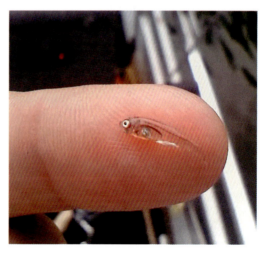

短壮辛氏微体鱼

目辛氏微体鱼科。

性成熟的短壮辛氏微体鱼体长 6～8 毫米，体重约 1 毫克。

短壮辛氏微体鱼全身透明，只有眼睛有色素的沉积。其寿命仅有 2 个月左右。

目前发现的短壮辛氏微体鱼分布于西太平洋珊瑚礁海域，分布深度小于 30 米。

世界上寿命最长的贝——北极蛤

北极蛤（*Arctica islandica*）属于双壳纲帘蛤目北极蛤科，分布于北大西洋潮下带，是滤食生物。

2006 年，科学家在冰岛附近海域采集到一只活的北极蛤。经研究，这只北极蛤的寿命为 507 年。因为它出生的时候，正是中国的明朝时期，《星期日泰晤士报》的记者们便给它起了个名字：Ming。

北极蛤

世界上最长寿的哺乳动物——弓头鲸

弓头鲸（*Balaena mysticetus*）是世界上最长寿的哺乳动物，又称格陵兰鲸或者是北极露脊鲸，属于露脊鲸科。

弓头鲸雌性体形大于雄性。根据现有的较为可靠的数据，弓头鲸体长可达 18 米。弓头鲸上颌窄，下颌呈弓形。不同于大多数

弓头鲸

鲸，它们没有背鳍。它们有着四五十厘米厚的鲸脂，是脂肪层最厚的动物。

弓头鲸生活在北极及附近海域，以端足类、桡足类等浮游动物为食。

虽然长得很胖，但它们也是非常长寿的动物。这种巨大的弓头鲸可以活到 200 多岁。这比地球上其他任何哺乳动物的寿命都要长。

世界上最大的藻类——巨藻

巨藻（*Macrocystis pyrifera*），属于海带目巨藻科，是海洋中最大的藻类。

巨藻藻体呈褐色，分固着器、柄和叶片三部分。其固着器分枝，主柄短，叶片多，叶片基部有一气囊。巨藻生长快，成体藻体可达七八十米，最长可达数百米。

巨藻生长于潮下带硬质底上，多分布于美洲西海岸，在澳大利亚南部、南非、新西兰等地附近海域也有分布。

巨藻具有巨大的经济价值。大量巨藻形成广阔茂盛的海藻林，为诸多海洋生物提供了优良的栖息环境。

世界上最长的硬骨鱼——皇带鱼

皇带鱼（*Regalecus glesne*）是世界上最长的硬骨鱼类，属于月鱼目皇带鱼科。

有报道称，皇带鱼最长可达 11 米，最重可达 270 千克。皇带鱼体呈银色，具有黑色或深灰色斑点或条纹，背鳍鳍条可达 400 条。

从 72°N 到 52°S 都能见到皇带鱼的

巨藻

踪影，不过它们更喜欢生活在热带、亚热带和温带中的深层海域。我国南海和台湾海域均有皇带鱼分布。皇带鱼摄食磷虾等小型甲壳动物，也吃小鱼和小型头足类。

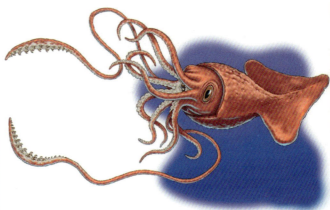

大王酸浆鱿

皇带鱼

体形在无脊椎动物界都是极其罕见的。它们的腕上长有锋利的钩子，捕猎时发挥着强大的威力，毛颚动物、鳕鱼等都是它们的食物。研究发现，它们甚至有同类相残的现象。

大王酸浆鱿成体由于体形大，只被抹香鲸等大型动物捕食，其他较小的捕食者只能吃到它们的幼体。大王酸浆鱿不是人们的渔业捕捞对象，事实上，人们见到它们的次数并不多，多数情况是它们追随着鱼群而被带上捕捞船的。

世界上最大的软体动物——大王酸浆鱿

大王酸浆鱿（*Mesonychoteuthis hamiltoni*）也就是人们常说的巨枪乌贼，但其实它们是一种鱿鱼，主要分布于南极大陆周围的广阔海域。它们被称为"酸浆鱿"，并不是因为它们的肉或者血有酸味，而是因为它们属于酸浆鱿科。酸浆鱿科包括近60种鱿鱼，大多没有食用价值。

大王酸浆鱿是最大的软体动物，体长也可达到20米这样惊人的长度。这样庞大的

世界上生命力最顽强的动物——水熊虫

水熊虫是缓步动物门生物的俗称，它们的英文名是 water bear，被翻译为水熊虫。

水熊虫

但是这里的 bear 还可以理解为"忍受"，符合水熊虫极强的生命力和耐受能力。水熊虫可以忍受高温、低温、辐射、缺氧等极端条件，其耐受的最高温度可达 150℃，最低温度接近绝对零度，在这样的极端温度下几乎所有的地球生物都不可存活。甚至在没有食物来源的情况下，水熊虫依然能够存活几十年。

水熊虫身体短而圆，长度大多为 0.3～0.5 毫米，也有超过 1 毫米的。借助显微镜，可以观察到水熊虫的身体分为头部和 4 个体节，每个体节上长着两条腿，腿的末端有爪。头部有口器，可以抓住并刺破食物。

水熊虫具有隐生的习性，也就是说，在不利的环境条件下，它们几乎暂停新陈代谢以及生殖、发育、修复等过程。例如，在高温条件下，水熊虫脱去体内 99% 的水分，呼吸和运动停止，机体代谢降至极低的水平。当环境适宜时，水熊虫又能够复苏，进行正常的生长发育。

世界上最大的寄居蟹——椰子蟹

世界上现存 500 多种寄居蟹，绝大部分生活在水中，少数生活在陆地上。椰子蟹（Birgus latro）是最大的寄居蟹，也是现存最大的陆生节肢动物。椰子蟹一般生活在热带海岸与部分亚热带群岛，体重最大可达 6 千克，肢体展开近 1 米。

椰子蟹完全适应了陆上的生活，而且十分善于爬树，运用强壮的蟹钳扯破椰子外壳，啃食椰子果肉，椰子蟹一名也由此而来。

由于人类对其疯狂的猎捕以及自然栖息环境被破坏，椰子蟹在其栖息地越来越难觅踪迹，已经成为面临绝迹的濒危动物。

椰子蟹

世界上最小的海洋哺乳动物——海獭

海獭（*Enhydra lutris*）是海獭属现存唯一的物种，是鼬科动物里的明星成员。它头脚较小，体长不到1.5米，有一条超过体长1/4的尾巴，体重40多千克。这样的体形在海洋哺乳动物中排在最末，但在鼬科动物里却算得上大块头了。虽然海獭身上的脂肪层厚度远不如鲸类，但海獭有着厚实无比的皮毛，即使在潜水捕猎时也滴水不透！

海獭一生大部分时间都在水里，可在水中进食、繁殖和哺育后代，偶尔上岸休息。它们的鼻孔和耳朵会闭合，以免海水进入。

海獭

海獭喜欢吃海胆等底栖无脊椎动物，它们将海胆的数量控制在一定范围内，保护了海藻林，是海洋生态系统中的关键物种。

世界上最长的纽虫——巨纵沟纽虫

纽虫是自然界中一种较为低等的无脊椎动物，全世界已知有1 200多种，绝大多数生活在海洋。它们的个体差异较大，小到几厘米，大到十几米。目前最长的纽虫是1864年在英国发现的巨纵沟纽虫（*Lineus longissimus*），长度达到惊人的55米。

巨纵沟纽虫生活在海底。它们的身体具有极强的延展性和收缩性，在受到外界刺激或者威胁时会收缩身体，缩短体长，所以有时候我们看到的巨纵沟纽虫的身体长度可能并非它们的真实长度。

和其他纽虫一样，巨纵沟纽虫具有再生的能力，将身体断裂成几段后，每一段都可以重新发育成完整的个体。它们的吻端能分泌黏液，可用于麻痹猎物。黏液中还有毒性很强的神经毒素，对捕食者也起到有效的震慑作用。

巨纵沟纽虫

柯氏喙鲸

颗长牙，这两颗牙很可能并没有什么实际用处。它们的体表有很多伤疤，多为雄性间争斗或与其他动物搏斗留下的。

柯氏喙鲸的活动范围较广，从热带到温带的深海海域几乎都可以发现它们的踪迹。柯氏喙鲸之所以能够下潜如此之深，和其特殊的身体机能有很大关系，包括较高的血氧浓度和肌氧含量以及特殊的血管构造等使得柯氏喙鲸可以长时间闭气和忍受深海高压。

世界上潜水最深的哺乳动物——柯氏喙鲸

在深海环境中，由于光线无法到达，那里的生物含量非常少，可以在这一区域活动的大多数是大型哺乳动物，如抹香鲸，它的下潜深度有 2 200 米左右，而"哺乳动物潜水之王"的桂冠属于柯氏喙鲸（*Ziphius cavirostris*），它的最大潜水深度为 2 992 米，可以在水中闭气 222 分钟，是潜水最深、潜水时间最长的哺乳动物。

成年柯氏喙鲸体长约 7 米，体重可达 3 吨左右。它们属于齿鲸，雄性的下颌长着两

世界上洄游距离最长的鱼——欧洲鳗鲡

洄游是一些水生动物为了繁殖、索饵或越冬的需要，定期定向地从一个水域到另一

个水域集群迁移的现象。欧洲鳗鲡（Anguilla anguilla）原产于大西洋，是降河洄游鱼类的典型代表。每当繁殖季节，欧洲鳗鲡便从欧洲西部的淡水水域洄游至大西洋西部的马尾藻海产卵，这段路途约 5 000 千米。孵化的幼体会用 1 年左右的时间迁移到欧洲大陆近海沿岸，发育成玻璃鳗后，进入淡水河流中生活。欧洲鳗鲡在一生中需要两次穿越大西洋，是洄游距离最长的鱼。

欧洲鳗鲡身体细长，体色常见黑色、褐色或者橄榄绿色，在某些阶段也呈现银色；上、下颌长短不一，下颌长度要比上颌长；皮肤光滑并有黏液，鳞片藏在皮肤之下；背鳍较长，延长至尾部。

欧洲鳗鲡进食

欧洲鳗鲡喜欢潜居，在河流的沙质底打洞，白天就藏匿于洞中，晚上外出觅食。它们是肉食性鱼类，喜爱吃小鱼，虾蟹类也成为它的捕食对象。

世界上体形最大的甲壳动物——巨螯蟹

巨螯蟹（Macrocheira kaempferi），属于软甲纲，十足目，蜘蛛蟹科，巨螯蟹属。头胸甲呈梨形，两侧共有十足。前两足发展成螯，螯足细而长，若把左右螯足敞开，相距可达到 4 米，因此得名巨螯蟹，是世界上体形最大的甲壳动物。

巨螯蟹平时生活在 150 ～ 300 米的海域，不能游泳，它们大部分时间在海底缓慢爬行、觅食。为了适应海底生活，巨螯蟹长出了细长的腿和尖细的脚尖，减少与水底的接触。巨螯蟹行走在海底时就像一只巨大的蜘蛛，又称蜘蛛蟹。

巨螯蟹寿命特别长，可以活 100 年之

巨螯蟹

久。虽然它们的寿命很长，但是并不以年龄作为区分等级的方式，而是谁的螯能把对方推翻，谁就有更高的地位。

"烟"的"烟囱"而得名。

这些"冒烟的烟囱"其实是正在产卵的桶状海绵（Xestospongia muta），一种多孔动物，也被称为"珊瑚礁中的红杉"，寿命可超过千年。桶状海绵是世界上最大的海绵，直径可达 1.8 米，质地坚硬，呈棕红色或灰褐色，外表面有不规则的尖锐突起。它们生活在水深 10 ～ 120 米处，在加勒比海、墨西哥湾等海域种群数量较多，因此成群繁殖时排出的大量精子和卵，形成了"滚滚浓烟"的壮观景象。

世界上最大的海绵——桶状海绵

加勒比海南部的库拉索岛以适合水肺潜水者探索水下珊瑚礁而闻名，拥有 70 多个世界级潜水点。位于 Fuikbaai 海湾附近的"烟囱"潜水点就因珊瑚礁上冒着"滚滚浓

桶状海绵

世界上最能产卵的鱼——翻车鱼

翻车鱼（Mola mola），是硬骨鱼纲、翻车鲀科 3 种大洋鱼类的统称。体高而侧扁，呈卵圆形，无尾柄。翻车鱼喜欢摄食海藻、软体动物、水母、浮游甲壳类及小鱼等。

翻车鱼

翻车鱼常爱躺在水面上，看上去好像是正享受着和煦的阳光，人们又叫它太阳鱼。科学家认为，这种行为有可能是为了帮助消化体内的食物。还有一些国家的人们叫它月亮鱼，因为它的身体表面常附着一些会发光的动物，加上翻车鱼的体形较圆，夜幕降临时，它看起来就好像是月亮投射在海面的倒影。

翻车鱼具有强大的繁殖力，雌鱼一次产卵量最多可达 3 亿粒，是世界上最能产卵的鱼。但由于环境变化无常，它的卵和幼鱼有的未能经受住大自然暴风骤雨和汹涌波涛的考验而成了牺牲品，有的则成了肉食性鱼类和其他海洋动物的腹中餐，最终能长到成鱼的不及二百万分之一。翻车鱼游动能力极差，几乎到了随波逐流的地步，而且自卫能力非常差，正是通过巨大的产卵量才使得翻车鱼逃脱大自然的无情淘汰，保存种族。

世界上洄游距离最长的哺乳动物——灰鲸

灰鲸（Eschrichtius robustus）是灰鲸科现存的唯一物种，成体体长 10～15 米，体重可达 40 吨，体表呈灰色或蓝灰色，有擦伤或寄生动物留下的伤疤，看上去灰白相间，它们也被称为"灰色的岩岸游泳者"。灰鲸曾有 3 个种群，其中的北大西洋种群在 300 年前因被大量猎杀而灭绝了，现存 2 个种群分布在北太平洋的东部和西部。

灰鲸是洄游距离最长的鲸类，也是哺乳动物中迁移距离最长的物种。2015 年，科学家记录到一头名为瓦尔瓦拉（Varvara）的灰鲸，从俄罗斯东部海域一路游到美国加利福尼亚海域并返回，这趟旅途持续了 172

灰鲸

天。它们每年都会进行有规律的南北洄游：夏季由低纬度海域游向高纬度海域索食，它们多以底栖甲壳动物为食，常侧游捕食，翻起海底泥沙，从浑水中滤取食物；冬季则由高纬度海域游向低纬度海域产仔。

世界上最大的等足目动物——大王具足虫

在阴暗潮湿的石块下、砖缝间，常常能见到一种椭圆形扁平状的多足"小虫"，受到侵扰时会迅速团成球，所以也叫"西瓜虫"，但它其实不是虫，而是节肢动物门软甲纲等足目的成员之一，学名鼠妇。

等足目既有鼠妇这样体长仅 1 厘米左右的陆上"小精灵"，也有体形庞大的海底"巨无霸"——大王具足虫（Bathynomus giganteus）。大王具足虫又名巨型深海大虱、巨型等足虫，身长可达 50 厘米。它们生活在大西洋深海，1879 年首次被人类发现，打破了当时盛行的"深海无生命论"。

大王具足虫是深海重要的食腐动物，也会主动捕捉行动缓慢的海洋生物，在食物匮乏时可以长期忍受饥饿，日本鸟羽水族馆的一只大王具足虫就曾 5 年未见进食。

大王具足虫

海洋生物

世界上迁徙距离最长的鸟类——北极燕鸥

北极燕鸥（Sterna paradisaea）长着一身洁白如雪的羽毛和一头乌黑的"秀发"（头羽），火红的尖喙可以轻松地把小鱼戳死，并吞入腹中。它们是一种候鸟，在北极及附近地区繁殖。它们每年要经历两个夏季，从其北方的繁殖区南迁至南极洲附近的海洋，之后再回到北方繁殖后代。研究发现，在荷兰筑巢的北极燕鸥每年迁徙 90 000 千米，是迁徙距离最长的鸟类。在约 20 年的短暂生命中，北极燕鸥每年都能完成一次往返于地球两极之间的旅途，一生积累下来的里程足以在地球和月球之间往返两三次。

北极燕鸥

世界上翼展最长的鸟——漂泊信天翁

漂泊信天翁（Diomedea exulans）是南极地区最大的飞鸟，也是"飞鸟之王"。它身披洁白羽毛，尾端和翼尖带有黑色斑纹，躯体呈流线型，展翅飞翔时，翅端间距可达 3.5 米，这样的翼展为现生鸟类中最大的。号称"飞翔冠军"的漂泊信天翁，日行千里，习以为常，一连飞上几天几夜，也不会疲倦。漂泊信天翁还是空中滑翔的能手，它可以连续几小时不扇动翅膀，凭借气流的作用，一个劲儿地滑翔，显得十分自在。

漂泊信天翁

世界上最大的海豚——虎鲸

虎鲸（Orcinus orca）身体的长度一般为5～8米，体重3～6吨，是海豚科中体形最大的物种。虎鲸的牙齿锋利，有强有力的两颌，这些是它们成为"海上杀手"必不可少的条件。另外，虎鲸还非常聪明，它们是一种高度社会化的动物，通常以稳定的群体形式生存，有的是2～3只组成的小家族，有的是40～50只组成的大家族，成员间亲密和谐。如果群体中有虎鲸成员受伤，其他成员就会前来帮忙，用身体或头部顶着，使受伤的虎鲸可以继续漂浮在海面上。一个族群的虎鲸，就连睡觉的时候也要在一起，这是为了互相照应，并保持一定程度的清醒，防备敌人的攻击。

虎鲸

世界上最大的爬行动物——咸水鳄

咸水鳄（Crocodylus porosus）又名湾鳄，分布在印度东部至澳大利亚北部的大陆沿岸和岛屿，偶尔会在海中游较长距离，因此在斐济也能见到它们的踪迹。咸水鳄是现存体形最大的鳄鱼，也是最大的爬行动物。成年雄性湾鳄体长可达7米，体重达1 000千克。

《太平寰宇记》曾记载咸水鳄"口长七寸，两边生齿如锯，恒在山涧伺鹿，亦啖人"，可见咸水鳄外形可怖、性情凶猛，甚至会攻击人类。2011年9月3日，菲律宾南部的溪流中发现一只体长达6.17米、重达1 075千克的雄性咸水鳄，这只创下吉尼斯世界纪录的咸水鳄被关进公园供人观赏。除观赏价值外，鳄鱼的皮也是制作皮具的上好材料，肉和蛋也被人类食用。20世纪人类毫无限制的猎杀，一度导致澳大利亚北部的咸水鳄种群数量减少95%。

世界上单种生物资源量最大的生物——南极磷虾

南极磷虾（Euphausia superba）资源蕴藏量巨大，是全球单种生物资源量最大的生物，估计现存资源量为6.5亿～10亿吨。一个不容辩驳的事实是：南极磷虾为许多动物提供了最基本的食物，是当之无愧的

咸水鳄

"粮仓"。如果没有了南极磷虾，那么企鹅、海豹、鲸等动物将难以生存。

南极磷虾

　　磷虾在全球绝大部分海域都可见，其中南极磷虾的分布区位于50°S以南海域，常出现于陆架边缘、冰边缘及岛屿周围。南极磷虾往往聚集成庞大的虾群。一个群体能覆盖450平方千米的海面、深达200米的水体，整个群体甚至超过200万吨！白天，密集的虾群使海面呈现一片铁锈的颜色；到了夜晚，虾群又常常在海面发出一片强烈的磷光。

世界上游速最快的鱼——枪鱼

　　枪鱼（Makaira）是旗鱼目旗鱼科几种长吻的大型海产鱼类的统称。体延长，前部粗壮，呈圆筒形；尾柄粗壮，每侧有2个短而低的隆起脊。吻部向前延长，前端尖，呈长标枪状，吻的横切面呈圆形。肉食性，主要以鱼类、甲壳类、头足类等为食。海明威名著《老人与海》中让老人精疲力尽的大马林鱼就属于枪鱼。

枪鱼

　　枪鱼是游速最快的鱼，当它们向前游动时，通过摆动强壮有力的尾柄产生巨大的推动力，标枪一样的上颌起到劈开海水的作用。在全球游泳速度最快的鱼类排名中排第一，速度可以超过每小时110千米，最快速度甚至可以达到每小时130千米。枪鱼主要包括蓝枪鱼、黑枪鱼、纹枪鱼和白枪鱼，分布于全世界各大洋的热带和亚热带海域，最快的游速和非常坚硬的标枪状吻部使枪鱼能够纵横海洋，成为海洋里的顶级捕食者。

第三章 海洋科技

世界上首次环球海洋科学考察——"挑战者"号科学考察

1872年12月21日至1876年5月24日，英国的"挑战者"号考察船自大西洋，经印度洋入太平洋，绕地球一周，历时3年5个月。这是人类第一次对海洋进行的真正有组织的科学考察，也是人类历史上首次综合性的海洋科学考察。此次科学考察由英国皇家学会组织，英国爱丁堡大学海洋学家汤姆森教授担任队长，有6名科学家、243名船员参加，行程遍及大西洋、太平洋、印度洋和南大洋，航程68890海里，进行了492次深海探测、133次海底采样、151次开阔水面拖网和263次连续的水温测定。

主要成果：

第一次使用颠倒温度计测量海洋深层水温及其季节变化；采集了大量海洋动植物标本和海水、海底底质样品；验证了海水主要成分比值的恒定性原则；编绘了第一幅世界大洋沉积物分布图；发现了大西洋洋中脊。

采集到很多深海珍奇动物标本，推翻了当时英国著名生物学家福布斯主张的"海洋中540米以下无生物存在"的观点；发现了马里亚纳海沟并测得其深度数据。

此次考察不但开创了海洋综合调查的时代，而且获得了十分丰富的海洋资料。发现了4700多个海洋新物种；发现了深海软泥和红黏土，并采集到了多金属结核。

在海洋物理方面，除了调查海流和气象外，还根据地磁测定的结果，掌握了航海罗盘仪的偏差；绘制了等深线图；发现180多米以下的水温受季节影响不大；确定了岛屿和险岩准确的位置。

"挑战者"号

开创了一门新的学科——海洋学，开始了人类认识海洋、开发利用海洋的新纪元。

人类历史上认识地球史上最雄伟的计划——国际综合大洋钻探计划(IODP)

国际综合大洋钻探计划由1968年开始

的深海钻探计划经过国际大洋钻探计划发展而来，是 20 世纪地球科学规划最大、历时最久的国际合作研究计划。国际综合大洋钻探计划以"地球系统科学"思想为指导，计划打穿大洋，揭示地震机理，探明深海生物圈，为国际学术界构筑起地球科学研究的平台，同时为深海新资源勘探开发、环境预测和防震减灾等服务。

1998 年 4 月，中国正式加入大洋钻探计划。1999 年，以汪品先院士为首的中国科学家成功实施了在中国南海的第一次深海科学钻探，这是第一次由中国科学家设计和主持的大洋钻探，标志着伟大祖国向着海洋强国又迈进了一大步。

历史上首次较全面的海洋生物普查——全球海洋生物普查

2001—2010 年进行的全球海洋生物普查是由设在美国首都华盛顿的海洋规划联合会负责协调、国际科学指导委员会负责管理的一项全球性的海洋科研合作项目，目标是了解地球上从未探索过的环境中的生物形态，来自 80 多个国家和地区的 670 个研究机构的 2 700 多名科研人员参加普查，动用了全世界一半的大型考察船和潜水器，远航次数超过 540 次。

通过此次普查，迄今为止最为全面的海洋生物"全景图"得以呈现，世界上最大的海洋生物信息库也得以建立。此次普查结果显示，全部的海洋生物物种数量有约 100 万种，而已被人类命名或者认知的仅有约 25 万种。

世界上最大、最全面的海洋研究数据库"海洋生物地理信息系统"得以建立。它整合了全世界超过 800 多个海洋数据库的内容，有超过 2 800 万条与海洋生物有关的观察记录，该记录还在以每年新增 500 万条的速度增长。

世界上最著名的深海考察工具——"阿尔文"号

"阿尔文"号深潜器可以说是目前世界上最著名的深海考察工具，被称为"历史上最成功的潜艇"。人们以伍兹霍尔海洋研究所的海洋学家的名字命名这个神奇的耐压球体。"阿尔文"号还是世界上首艘可以载人的深潜器。

1964年"阿尔文"号下水,开始了它充满传奇色彩的探险历程。1966年,"阿尔文"号在西班牙东海岸水下1 000多米处打捞起失落的氢弹。1968年,"阿尔文"号因故障沉没于1 600米的海底,1969年被打捞上来。1977年,重建后的"阿尔

"阿尔文"号

文"号在将近2 500米深处的加拉帕戈斯断裂带首次发现了海底热泉及其生物群落。1979年,又在东太平洋中脊发现了第一个高温黑烟囱。20世纪80年代,"阿尔文"号参与了对泰坦尼克号的搜寻和考察,登上了美国《时代》周刊的封面。

全球最深海底钻探纪录——3 262.5米处

"地球"号是日本制造的世界上最大的深海探测船,配备立管钻探系统。该船长210米,宽38米。它能够在地幔、大地震发生等区域进行高深度钻探作业,被称为"人类历史上第一艘"多功能科学钻探船。它也是世界上第一艘采用竖管钻探方式的深海探测船,于2006年进行了首次试钻探。

2018年12月,"地球"号深海探测船在日本和歌山县附近海域钻探到海床以下3 262.5米处,创造了全球最深海底钻探纪录。

海底勘探船

世界上第一颗海洋卫星——美国 SEASAT–A

　　海洋是一个巨大的蓝色宝库,蕴藏着丰富的生物、化学、矿产等资源,与人类生活息息相关。海洋卫星能够实现对全球海洋大范围、长时间的观测,为人类认识和了解海洋提供数据来源。

　　美国是世界上第一个发展海洋卫星遥感技术的国家,目前已建立起较成熟和完善的海洋卫星系统。1978 年 6 月 27 日,美国国家航空航天局在范登堡空军基地发射了世界上第一颗 SAR 海洋动力环境卫星 SEASAT-A。该卫星获取到大量高清雷达图像,验证了海洋微波遥感载荷从空间探索海洋及海洋动力学现象的有效性,完成了对地观测任务。1978 年 10 月 9 日,SEASAT-A 的卫星电源系统发生故障,同年 11 月 21 日正式宣告失败。虽然该卫星仅正常运行了 105 天,但其获取到的宝贵数据对于之后海洋遥感卫星事业的发展意义重大。

SEASAT–A

世界上规模最大的南极考察站——麦克默多站

　　麦克默多站是所有南极考察站中规模最大的一个,由美国于 1956 年建成,有各类建筑 85 多栋,包括 10 多座 3 层高的楼房,还有 1 个机场,可以起降大型客机,有通往新西兰的定期航班。麦克默多站的通信设施、医院、俱乐部、电影院、商场一应俱全，仅酒吧就有 4 座，十分热闹，就像一座现代化的城市，有"南极第一城"的美誉。每年夏季，一架架大型客机从美国、澳大利亚、新西兰等地把成千上万名游客运往这里，以观赏南极洲的风光。

阿蒙森－斯科特站

在考察站底下加速，可以防止雪的堆积；当雪堆积得太厚时，液压千斤顶可以再把建筑抬起两层楼高。这里建有 4 270 米长的飞机跑道、无线电通信设备、地球物理监测站、大型计算机等，可以从事高空大气物理学、气象学、地球科学、冰川学和生物学等方面的研究。

麦克默多站

世界上最南的科考站——阿蒙森－斯科特站

阿蒙森－斯科特站是世界上最南的科考站，由美国于 1957 年建于南极点。它是南极内陆最大的考察站，可以容纳 150 名科学家和后勤人员。考察站呈机翼状，由 36 根"高跷"支撑，距离地面 3.05 米，风

世界上第一个极地科学考察站——奥尔卡达斯站

极地科考一直以来受到世界各国的高度重视，有包括发达国家和主要发展中国家在内的 51 个国家参与其中，在政治、科学、经济、军事等方面都具有重大而深远的意义。南美洲的阿根廷是最接近南极洲

的国家之一，它是最早建立极地科学考察站的国家，也是在南极洲建立科学考察站最多的国家之一。

奥尔卡达斯站位于南奥克尼群岛苏里岛的斯科舍湾畔。1902 年，由威廉·斯皮尔斯·布鲁斯带领的苏格兰考察队首先在南奥克尼群岛建立了气象观测站，布鲁斯于 1904 年将观测站转给了阿根廷政府，阿根廷于 1904 年在此建成了世界上第一

奥尔卡达斯站

个极地科学考察站。该站是全年性的南极考察站，目前有 11 栋建筑物和 4 个主要研究课题：大陆冰川学、地震学、海洋冰川学（自 1985 年开始）和气象观测（自 1903 年开始）。该站容量有限，夏季可容纳 45 人，冬季仅可容纳 14 人。

人类在南极建立的海拔最高的科考站——中国南极昆仑站

与中山站和长城站相比，昆仑站更为深入南极内陆。它位于南极大冰盖的冰穹 A 上，海拔高度为 4 087 米，是中国第一个南极内陆科学考察站，同时也是南极海拔最高的科学考察站。昆仑站于 2009 年建成，标志着中国已成功跻身国际极地考察的"第一方阵"。这里是钻取深度冰芯的最佳地域，也是监测大气环境、进行天文观测、探测臭氧空洞变化的理想场所。

昆仑站

世界上第一个专门用于科学考察的浮冰漂流站——"北极–1"号

在全球气候变暖的背景下，北极海冰正逐步减少，北冰洋的通航条件逐渐变好，北极的战略地位愈发重要，对北极展开科学考察活动十分重要。北极科学考察站按照性质和功能可以分为北极陆基考察站、北冰洋浮冰漂流考察站和环北极生物观测站三种。北极有多年存在的海冰，可以建立长期的观测站，在北冰洋浮冰上建立观测站，进行多项综合观测，是研究北极快速变化的重要手段。

1935 年 10 月 27 日，苏联科学院院士奥托·尤利耶维奇·施密特在国家地理学大会上宣布：北极漂流冰站计划正式启动。1937 年，苏联正式建立了世界上第一个专门用于科学考察的浮冰漂流站——"北极 -1"号。该站于 1937 年 6 月 6 日正式启用，于 1938 年 2 月 19 日关闭，虽然工作时间不长，但该站获取到的资料为后续北极科考的开展提供了宝贵经验。

浮冰

世界上第一部声呐仪——1906年由李维斯·理察森发明

声呐是利用水中声波对水下目标进行探测、定位和通信的一种电子设备。声呐技术至今已有超过 100 年历史，1906 年，英国海军的李维斯·理察森发明了一种被动式聆听装置，用于侦测冰山，这便是现代声呐的鼻祖。百年后的今天，声呐已被广泛应用，水下监视、鱼群探测、海洋石油勘探、船舶导航、水下作业海底地质地貌的勘测等处处皆有声呐的影子。

声呐探测示意图

世界上第一台无人水下航行器——SPURV

1960 年，美国华盛顿大学的物理实验室里，诞生了一台长着圆圆的脑袋、有着修长的身板的机器，这就是世界上第一台无人水下航行器——SPURV。

无人水下航行器

水下无人航行器本事可大了，可以胜任水下勘探、侦察、海洋工程、水下作业等多种工作，按控制方式大致分为遥控式 (ROV) 和自主式 (AUV) 两种。这台 SPURV 就是自主式的，它大显身手的地方主要是水文调查，帮助科学家们探查各地的海洋、河流情况，更好地保护水源、利用水源。

20 世纪 60 年代是水下无人航行器研发的起步时代，这台 SPURV 迈出了水下无人航行器的第一步，做出了勇敢的尝试和探索。如今的水下航行机器人建造技术越来越成熟，逐渐向更安全、更智能的遥控式转变，为水下科考事业做出了更大的贡献。

此将人类的战场从陆地、水面发展到了水下。而且，"海龟"号还因为与现代潜艇相同的设计原理赢得了世界上"第一艘军用潜艇"美名。

世界上第一艘人力推进的作战潜艇——"海龟"号

1776 年美国独立战争时期，发明家布什内尔在华盛顿的支持下，成功制造出了世界上第一艘人力推进的作战潜艇。这艘潜艇高大约两米，外壳是用橡木做的，能容纳一人，而因为它的外形很像海龟，所以被命名为"海龟"号。"海龟"号是要用来作战的，因此它内部有一个木制的弹药库，里面装有黑色的火药。当然，用来点燃炸药的定时钟表机械装置也是必不可少的。

乘着"海龟"号，驾驶员可以潜到敌舰的底部，用钻头钻入敌舰，将水雷放进去，再解开水雷与潜艇的连接，这样等潜艇驶远之后，定时器就可以自动控制炸毁敌舰了。这样的装置，就是以现在的眼光看也是十分完备呢！

"海龟"号揭开了潜艇实战的序幕，从

"海龟"号

世界上第一艘被击沉的航母——"勇敢"号

1939 年 9 月 17 日的北大西洋上，风起浪涌，烽火连天。英国的一艘航母收到了友军的求助信号前去支援，却被德国潜艇发现。这艘航母的护航舰都被调走了，倒在了

"勇敢"号

德国潜艇的两枚鱼雷之下。这是二战中的一场激烈的海战，这艘航母就是英国的"勇敢"号，是世界上第一艘被击沉的航母。

"勇敢"号始建于 1924 年，1928 年完成建造并正式下水。"勇敢"号可是一艘规模宏大的航母，排水量达到 27 000 吨，由 18 台蒸汽锅炉源源不断地为它提供动力，最多能够搭载 48 架舰载机。

肩负着英国期许的"勇敢"号败在了德国潜艇的鱼雷之下，引起了人们的关注和讨论，质疑航母和舰载机的作战能力。这也让德国海军尝到了二战中第一个重大的胜利果实。

世界上第一艘核动力驱动的潜艇——"鹦鹉螺"号

法国作家儒勒·凡尔纳创作的小说《海底两万里》中，"鹦鹉螺"号船长尼莫与同行者一同周游海底世界的故事深入人心。1954 年 1 月 21 日，一艘名叫"鹦鹉螺"号的舰艇下水，这是世界上第一艘核动力潜艇。

"鹦鹉螺"号核潜艇长 98.7 米，重 3 400 吨，航行速度最快可以达到 23 节，能够在没有燃料补给的情况下连续航行 50

天，而且相比于燃烧柴油的传统舰艇大大节省了能源。"鹦鹉螺"号携带了24枚鱼雷，配备了用于水下探测的声呐，在军事和科研领域都发挥了重要的作用。

1980年3月3日，历经风霜的"鹦鹉螺"号退役。如今，经过改装后的"鹦鹉螺"号成了一艘博物馆艇，以纪念它开创核潜艇时代的历史意义。

世界上第一架水上飞机——Canard

1910年3月28日，法国马赛附近的地中海海面上，一只"大鸟"正缓缓掠过水面，腾空翱翔。这是世界上第一架水上飞机Canard，它的研制者是法国的发明家、飞行家亨利·法布尔。

Canard是一架箱形风筝式滑翔机，翼展14米，全长8.5米，高3.7米，重达

Canard

380千克，机身用木制框架构成。第一次试飞时，飞机在水面上以每小时55千米的速度滑行了一段距离，但却没能成功起飞。经过多次尝试，直到第二天，Canard在众人期待的目光中飞出了600米，世界上第一

"鹦鹉螺"号

架水上飞机正式诞生了。

出身船舶世家的亨利·法布尔一直醉心于水上飞机的研究，他还转让了技术专利，其中一位购买者美国设计师柯蒂斯在此基础上研发了世界上第一架船身式水上飞机。他们都通过自己的努力与付出为世界飞行事业做出了杰出贡献。

世界上最大的静音科考船——"东方红3"号

2019年5月30日，我国建造的5 000吨级静音科考船"东方红3"号正式交付使用。全船总吨位5 602吨，长103米，定员110人，实验室总面积达600平方米，配备国际上最先进的船舶装备和科考装备。该船各项性能指标均达到国际领先水平，在

"东方红3"号

船舶水下辐射噪声控制方面已达到国际最高标准。

"东方红3"船是国内首艘、国际上第四艘获得挪威船级社签发的船舶水下辐射噪声最高等级——静音科考级（SILENT-R）证书的海洋综合科考船，也是世界上获得这一等级证书排水量最大的海洋综合科考船。作为全球最大静音科考船，当船行驶时，水下20米以外的鱼群都感觉不到它。这也就意味着这条船保证了科考数据的真实性和可靠性，确立了我国海洋科考数据成果在国际上的话语权。

世界上第一部系统地论述风暴潮机制和预报的专著——冯士筰著《风暴潮导论》

大家听说过风暴潮吗？它是一种能带来巨大损失的海洋灾害。风暴潮发生的时候，会产生巨大的风浪和潮流，严重的时候会淹没土地和房屋，掀翻船只，造成重大损失。而中国就常常会发生风暴潮，因此研究风暴潮就成为一项重要课题。可是一直到20世纪70年代，中国对风暴潮的研究都处于空白的状态。这时候，终于有人站了出来，克

服重重困难，成为风暴潮研究的带头人。他，就是冯士筰。

经过多年的研究，冯士筰撰写了世界上第一部系统地论述风暴潮机制和预报的专著《风暴潮导论》，这是我国海洋、气象、河口海岸和环境工程科技工作者的一部重要参考书。此外，他还建立了独特的超浅海风暴潮理论，为中国风暴潮数值预报的发展做出了突出贡献。这些成果，使得中国风暴潮研究进入了世界领先行列。

世界上最早论述潮汐运动的著作——东汉王充著《论衡》

潮汐是发生在沿海地区的一种自然现象，是海水在天体（主要是月球和太阳）引潮力作用下所产生的周期性运动，在白天的称潮，夜间的称汐，总称"潮汐"。我国有着漫长的海岸线和广阔的海域。早在远古时代，我们的祖先就已经注意到潮水有规律的涨落现象，约从战国时期起，开始把潮汐现象和月亮联系起来。

东汉唯物主义思想家王充，是世界上最早用科学方法解释潮汐现象的人，而他所著的

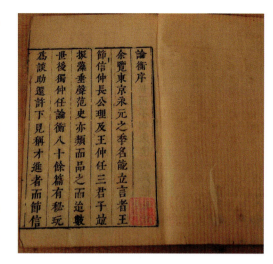

东汉王充著《论衡》

《论衡》是世界上最早论述潮汐运动的著作。他在《论衡·书虚篇》中，针对潮汐现象是鬼神驱使而生的迷信说法，明确指出："潮之兴也，与月盛衰，大小，满损不齐同。"说明潮水涨落同月亮盈亏有着密切关系，科学地指出了潮汐运动和月亮运行的对应关系。这是用科学方法对潮汐现象所做的解释，欧洲直到公元12世纪才达到这样的认识。

世界上第一部论述大陆与海洋起源及其演化的著作——《海陆的起源》

魏格纳1912年发表了题为"大陆的生成"的论文，提出了大陆漂移的见解。他认为：

大陆地壳由密度较小的岩石（主要为花岗岩）组成，它们像木筏一样漂浮在密度较大的海洋地壳（主要为玄武岩）之上，并在其上运动。在中生代以前，全球只有一块巨大的陆地，魏格纳称之为泛大陆或联合古陆；泛大陆的周围是全球统一的海洋——泛大洋。中生代以后，泛大陆逐步分裂成几块小一点的大陆，四散漂移。美洲脱离了欧亚大陆，逐渐到达

魏格纳

现在的位置并由此产生了大西洋，非洲南部与南亚次大陆分离，中间的空隙形成印度洋；随着大西洋和印度洋的出现，过去的泛大洋逐渐缩小，成为今天的太平洋；两块较小的陆地脱离非洲大陆，漂到远离大陆的南部，也就是现在的澳大利亚和南极洲。从而形成了今天的海陆格局。之后，他孜孜不倦地收集地层、构造、古地理、古生物、古气候等

方面的证据，挥笔著就了著名的、曾风靡全球的名著《海陆的起源》，全面、系统而又详细地论述了大陆漂移的观点。

世界上第一幅全球洋底地貌图——1977 年由玛利·萨普和布鲁斯·希森出版

20 世纪 20 至 30 年代，地理学家对大陆运动的观念进行了广泛的讨论，结果，反对声一片。魏格纳提出的大陆漂移理论长期以来备受争议，直到 50 年代中期，不断发现的新证据才越来越对大陆可能运动的假说

萨普

有利。1957年，美国玛利·萨普和布鲁斯·希森绘制出版的第一幅大西洋洋底地貌图让大众知道大西洋洋中脊的存在，这为证明当时备受争议的大陆漂移理论奠定了基础。

1948年玛利·萨普在美国哥伦比亚大学拉蒙特地质实验室任职，与布鲁斯·希森一起工作，两人合作绘制海底剖面图。从1957年开始，玛利·萨普和她的研究伙伴布鲁斯·希森开始出版海底综合地图，显示出海底的主要特征——山脉、山谷和海沟。地质学家兼海洋学家的玛利·萨普把她20多年的职业生涯奉献给拉蒙特地质实验室，从事绘制地球上每一片海底地图的任务，最终在1977年出版全球洋底地貌图。

世界上第一部海浪理论研究著作——文圣常著《海浪原理》

海浪，是发生在海洋中的一种波动现象，它与许多海上的活动有密切联系，如船舶航行、渔业养殖捕捞、海上资源勘探开发、军事战争等。随着涉海行业的发展，海浪研究越来越受到人们的重视。但在这一新兴海浪研究领域，却没有系统性的理论专著问世。

《海浪原理》

作为一个海洋大国，我国的海浪研究于20世纪50年代艰难起步。1960年前后，科学家文圣常提出了"普遍风浪谱"和"涌浪谱"理论。他首次将国际上盛行的有效波的能量平衡方法和海浪谱方法结合起来，开辟了海浪研究的新途径，受到了国内外的高度重视，他的研究成果也被誉为"文氏谱"。1962年9月，国内外第一部海浪理论研究著作《海浪原理》在中国问世，至今仍为全球五大海浪专著之一。

第一个完成全基因组测序的海洋贝类——长牡蛎

中国拥有丰富的牡蛎资源和悠久的牡蛎养殖历史，两千多年前的汉朝就有"插竹养蛎"技术，《神农本草经》《本草纲目》等典籍资料也记载了牡蛎的药性，广西钦州、山东乳山等多个地区也有"牡蛎之乡"的称号。

长牡蛎

长牡蛎（Magallana gigas）是重要的经济贝类，也是全球最高产的牡蛎。2008 年 5 月，牡蛎基因组计划（Oyster Genome Project，OGP）启动，长牡蛎因染色体数目较少（2n=20）、基因组较小（约800 M）而被选作测序对象，这是当时测序物种中杂合度最高、拼接难度最大的物种。两年后，牡蛎基因组序列图谱终于绘制完成，包含约 8 亿个碱基对、2 万个基因。这是世界上第一张贝类全基因组序列图谱，标志着基于短序列的高杂合度基因组拼接和组装技术取得重大突破。

世界上第一种海洋生物抗生素——头孢菌素

头孢菌素类（Cephalosporins）是由冠头孢菌培养液中分离的头孢菌素 C，经改造侧链而得到的一系列半合成抗生素，抗菌谱广，临床上主要用于耐药金葡菌及一些革兰氏阴性杆菌引起的严重感染。由于其不良反应和毒副作用较低，是当前开发较快的一类抗生素。

1945 年，意大利科学家朱塞贝·布罗楚从萨丁岛海洋污泥中分离到一株海洋真菌顶头孢霉菌，其分泌的一些物质可以有效抵抗伤寒杆菌等。1955 年，牛津大学的生物化学家爱德华和居伊从头孢菌液中分离获得若干头孢菌素类化合物，其代表物就是头孢菌素和头孢菌素 C。

经水解获得的头孢烯母核成为一系列头孢菌素类抗生素的合成材料，在此基础上进一步开发出头孢菌素钠、先锋霉素，开创了海洋生物抗生素药物开发的先例。

第四章　资源经济

世界上第一大能源输出港——秦皇岛港

秦皇岛港地处渤海之滨，扼东北、华北之咽喉，是我国北方著名的天然不冻港，万吨货轮可自由出入。它以煤炭、石油等能源输出为主，与世界130多个国家和地区有贸易往来，货物吞吐量3.82亿吨（2014），是一个多功能综合性的现代化港口。

秦皇岛港是世界第一大能源输出港，是我国"北煤南运"大通道的主枢纽港，目前拥有全国最大的自动化煤炭装卸码头和设备较为先进的原油、杂货与集装箱码头，年装卸煤炭能力达亿吨，担负着我国南方"八省一市"的煤炭供应，是我国"北煤南运"的主要通道，在我国"北煤南运"和煤炭外贸出口中具有十分重要的地位。

世界上等级最高的人工深水港——天津港

天津港地处渤海之滨，海河入海口，是首都北京的海上门户，我国北方连接近海和远洋运输的重要港口。熠熠生辉的天津港，依托天津市，仰仗众多经济腹地，业务蒸蒸日上，荣誉满载。这里，被赞为世界最先进的集装箱船进出港；这里，同世界200多个国家和地区的800多个港口都有贸易往来。俯瞰天津港，商业气息浓郁得让人为之振奋！

秦皇岛港

实力非凡的天津港，并非"天资出众"，之所以能取得如今的成就，多半归功于人们的心血和汗水。在"后天"的不懈努力之下，天津港一跃成为我国最大的人工海港、世界等级最高的人工深水港。

天津港

世界上利用率最高的港口——新加坡港

新加坡港位于新加坡岛南部沿海，西临马六甲海峡的东南侧，南临新加坡海峡北侧，扼太平洋及印度洋之间的航运要道。这座美丽的港湾自然条件优越，水域宽广，水深适宜，很少受风暴影响。新加坡港是世界上最繁忙的集装箱港口之一。新加坡市则是该国的政治、经济、文化及交通的中心。

新加坡港盛誉满怀，佳绩不断，共拥有

新加坡港

250 多条航线连接世界各地，同至少 120 个国家的 600 多个港口联系交往，有"世界利用率最高的港口"之称。新加坡邮轮中心已经成为世界各大邮轮公司在东南亚的枢纽港，多次蝉联"最佳国际客运周转港口"的头衔。在"第二十五届亚洲货运及物流链奖"评选中，新加坡港荣获"亚洲最佳海港"的称号，这已是新加坡海港第 23 次获得此项荣誉。一路光环照耀的新加坡港，在不断创造着奇迹与辉煌！

世界上最大的人工港——杰贝拉里港

迪拜港，地处亚、欧、非三大洲的交汇点，是中东地区最大的自由贸易港，尤以转口贸易发达而著称。拥有百万吨级干船坞的迪拜港，由拉什德港区和杰贝拉里港区构成。

其中，杰贝拉里港是世界上最大的人工港。为实现全球性航运枢纽的宏伟愿望，迪拜港的脚步并没有停歇，港口建设仍在如火如荼地进行。

杰贝拉里港于 1979 年开始投入使用，其发展速度飞快，20 多年便已超过了多个老牌亚洲港口。其集装箱吞吐量甚至曾达到 12% 的年增长量。截至 2020 年，它拥有 67 个泊位，码头总长 15 千米，可停靠吃水 14 米以上的船只，集装箱装卸作业区域面积可达 5.4 万平方米，存放量达 1.2 万只。主要出口货物有天然气、铝锭、土特产、石油及其化工产品等，进口货物主要有粮食、机械和消费品。

杰贝拉里港

世界上最大的自由港——汉堡港

汉堡港，位于德国北部易北河下游，是欧洲最重要的中转海港。汉堡港历史悠久，始建于 1189 年。目前，汉堡港已经成为德国最大的港口，欧洲第二大集装箱港，世界上最大的自由港。

汉堡港规模宏大，码头用途多样。尽管地处西欧，汉堡港却在渐渐成为东欧地区的配送中心。汉堡至东欧各国的铁路运输均为直达，中间无须办理通关、边检等烦琐手续，为汉堡港成为东欧配送枢纽提供了有利条件。

世界上第一座海上钢制石油平台——1947 年美国在墨西哥湾建造

墨西哥湾浅水区富含大量石油和天然气等化石能源。其中美国所属墨西哥湾大陆架区石油探明储量 20 亿吨、天然气储量 3 600 亿立方米。为利用这些资源，美国于 1947 年在该地建造了世界上第一座海上钢制石油平台，并成功钻出世界上第一口海上商用油井。这标志着浅海开发石油的开始，促进了世界海洋石油工业的发展。墨西哥湾曾发生过漏油事件，2010 年美国取消了墨西哥湾的石油开采禁令，正逐步恢复对该地

汉堡港

资源经济

海上钢制石油平台

能源的开发。

　　石油平台是一个位于海上的大型结构设施，用于钻井提取石油和天然气，并对其暂时储存。多数情况下，海上石油平台包含开采设施和容纳劳动力的居住区。根据情况的不同，石油平台可能固定在海底、人工岛或是浮动式的，且一个石油平台可以通过管线连接多个海底油井。

世界上第一座潮汐发电站——
1913 年德国在北海海岸建立

　　潮汐发电属于水力发电，即通过潮汐海水水流的移动或潮汐海面的升降来获得能量。虽然潮汐能尚未被广泛使用，但其对未来的电力供应有着极大的潜能。此外它还比风能、太阳能都更容易预测。

　　在欧洲很早就有利用潮汐推动磨坊的技术，其主要用于研磨谷物。此外，由于欧洲的海岸线漫长，且拥有浩瀚的海洋，对于潮汐能的利用便有了先天优势。在 20 世纪初，欧美一些国家便开始研究潮汐发电。1913 年德国在北海海岸成功建立了第一座潮汐发电站。但该发电站成本过高，并不具有商业实用价值。但这并未停止人们对潮汐发电探寻的热情。近年来，人们对于潮汐的研究与应用从未停止过脚步。

世界上第一座潮汐发电站

世界上最大的潮汐发电站——法国朗斯潮汐发电站

法国朗斯潮汐发电站位于法国朗斯河口圣·马洛城附近，1966 年投产，并一直使用至今。该处最大潮差 13.5 米，最大潮流量每秒 1.8 万立方米。它的海堤大坝长 750 米，电厂长 386 米，其总装机容量为 24 万千瓦，其中有 24 台单机 1 万千瓦容量的贯流式水轮机组。

该发电站站址处的河面宽 700 米，地质条件好，基岩坚实。法国预计每年可通过该处的船只约为 1.8 万艘，每日通过坝上公路的汽车约为 3.2 万辆。至今，朗斯发电站选用的水轮发电机组有 6 种运行方式，以最经济的办法最大限度地克服了潮汐电力间歇性的缺点。该发电站建造的成功也对今后世界范围内的潮汐电站的开发具有指导与借鉴意义。

世界上第一个海上风电场——丹麦温讷比海上风电场

1991 年，丹麦建成了全球首个海上风电场——温讷比海上风电场，该风电场位于丹麦的最南端温讷比（丹麦的一个小村庄）。

该风电场共安装风力涡轮发电机组 11 台，单机容量 450 千瓦。投运以来，累计发电量 2.43 亿度，满足了约 2 200 户居民的用电需求。但该风电场在经过 25 年多的运行后，逐渐因为项目机组老化的问题而于 2017 年退役，现已将其完全拆除。

运行期间，温讷比海上风电场在提高技术和降低成本方面发挥了决定性作用，许多面临用绿色能源替代燃煤电厂的国家借鉴其做法，开始研究海上风力发电。正是因为从温讷比海上风电场中获得的成功经验，使得如今海上风电的发展有如此大的进步和提高，它对于海上风电产业的发展具有里程碑意义。

海上风电场

世界上最大的近海风电场——伦敦矩阵

2013 年，目前全球最大的近海风电场"伦敦矩阵"在英国东南海岸开始运营，该项目总投资额 15 亿英镑。整个风电场绵延 20 千米，拥有 175 台风力发电机组，发电能力可达 630 兆瓦，的确配得上"伦敦矩阵"这个霸气的名字。

伦敦矩阵

世界上第一家全玻璃水下餐厅——马尔代夫 Ithaa 海底餐厅

位于马尔代夫群岛的海底餐厅 Ithaa 是世界上第一家全玻璃水下餐厅，造价 500 万美元，于 2005 年 4 月 15 日起开始营业。餐厅位于水下 6 米处，名字在当地语中意为"珍珠"。穿过木制的走道，步下陡峭的台

马尔代夫群岛的海底餐厅 Ithaa

世界上第一口海上油井——1897 年美国建于加利福尼亚海岸

阶就可以看到 6 张餐桌。餐厅长 9 米，宽 5 米，可容纳 10 余人同时就餐；四壁和屋顶都由透明的有机玻璃制成，整个餐厅被五彩斑斓的珊瑚礁环抱着。游客们在用餐时通过弧形屋顶可以欣赏到 270°的海底景色，不经意间就会看到一群五彩的热带鱼从身边游过。在品尝美食的同时，还可以观赏美丽的海底世界，体会着海底的怡然与清爽，真是奇妙而惬意！

美国除南部的墨西哥湾之外，西部的加利福尼亚沿海也是其主要海洋石油开发地区，也是世界上最早进行石油开发的海域。1897 年，美国最先在加利福尼亚州距海岸 200 多米处，通过栈桥连陆的方式打出了第一口海上油井。它也标志着海上石油工业的诞生。但该油井为木制的，面临的海水侵蚀等问题更为严重，并不适合广泛应用。

现在的海上石油平台有自浮式、桩基式和使用箱体直接坐在海床上的形式。自浮式可以在较深海水中作业，通过钢缆固定平台；桩基式一般在 10 米左右的海中作业，通过液压机将其每根桩腿深入到海床岩石上

世界上第一口海上油田

固定；第三种一般在滩涂或很浅的海水中作业，其通过对箱体水量的控制来进行固定和回收。

"奥利普雷 –1" 号

世界上第一座商用海浪发电站——"奥利普雷 –1" 号

波浪能是海洋能的一种具体形态，也是海洋能中最主要的能源之一。为了缓解能源危机，减少环境污染，它的开发和利用非常重要。相比风能与太阳能技术，波浪能发电技术要落后十几年。但波浪能具有其独特的优势：能量密度高，是风能的 4 至 30 倍；相比太阳能，波浪能不受天气影响。波浪能具有良好的发展前景。

自 20 世纪 70 年代以来，许多海洋国家就积极开展波浪能开发利用的研究，并取得了巨大进展。英国早在 20 世纪 80 年代初就已成为世界波浪能研究的中心。英国拥有的波浪能资源丰富，主要来自苏格兰地区。在 1995 年，英国成功建成了第一座商用海浪发电站，名为"奥利普雷 -1" 号，对于海浪发电技术的发展起到了推进作用。

世界上海水淡化量最大的国家——沙特阿拉伯

沙特阿拉伯位于亚洲西南部的阿拉伯半岛，东临波斯湾，西临红海，是世界上最大的淡化水生产国，其海水淡化量占世界总量的 22%，淡化水占全国用水的 50% 以上。

沙特阿拉伯大半国土被沙漠覆盖，大部分地区属于热带沙漠气候，炎热干燥，淡水资源十分贫乏。20 世纪 60 年代初，沙特制定了"解决严重缺水地区居民食用水供应的短期计划"和"根据国家紧急发展远景目标在全国建立大型海水淡化厂的长远计划"，开始大规模进行海水淡化。1965 年，沙特成立了海水淡化总公司，全面负责海水淡化工程的建设实施。20 世纪 80 年代初，沙

海水淡化工厂

特第一个大型海水淡化联合企业建成投产，解决了西部地区的缺水问题。

目前，沙特大部分沿海城市和中部城市的主要居民聚居地区均大量使用淡化水，首都利雅得等内陆城市则通过管道进行淡化水的输运。

世界上石油储藏量最多的地区——波斯湾

波斯湾是世界最著名的海湾之一，该湾又称阿拉伯湾，位于阿拉伯半岛和伊朗高原之间，以霍尔木兹海峡和阿曼湾与阿拉伯海衔接，地处欧、亚、非三洲的枢纽位置。

波斯湾盆地是发育于阿拉伯板块之上的大型沉积盆地。波斯湾湾底和沿岸为世界石油蕴藏量最多的地区，以波斯湾为中心，

形成巨大的石油带，原油资源非常丰富，约占世界石油储量的一半。石油探明剩余可采储量占世界剩余可采储量的 47.6%，占世界近半壁江山，天然气探明剩余可采储量占全球的 40.9%，共有油气田 1 841 个。在世界原油储量排名前十位中，中东国家占了五位，依次是沙特阿拉伯、伊朗、伊拉克、科威特和阿联酋。

波斯湾

最早发现并进行开发的海底矿产——海底煤矿

海底煤矿是指埋藏于海底岩层中的煤矿，其作为陆地煤矿的一个补充资源已有多

年的开采历史，是人类最早发现并进行开发的海底矿产，近年来更是被看成一种潜在的巨大资源日益被世界各国重视，据统计，世界海滨有海底煤矿井 100 多口。

从 16 世纪开始，英国人就在北海和北爱尔兰开采煤。这里的煤一般蕴藏在水下 100 余米深的海底。日本人从 1880 年就在九州岛海底采煤。加拿大在新苏格兰附近 450 ~ 500 米深的海底采煤。山东龙口市煤田是我国第一个海底煤矿，于 1983 年建成投产。2017 年 10 月，该煤矿关停。

进入 21 世纪以来，深海矿物的开发成为各国海洋资源利用的主要研究方向。世界各国在这方面不断增加投入，希望能在海洋能源利用方面进入领先之列。

世界上第一座跨海大桥——金门大桥

金门大桥，又称"金门海峡大桥"，是美国境内连接旧金山市区和北部马林郡的跨海通道，位于金门海峡之上，是美国旧金山

海底煤矿

市的地标，同时也是世界上第一座跨海大桥。

金门大桥的设计工程师为约瑟夫·施特劳斯，大桥于 1933 年 1 月 5 日动工兴建，在 1937 年 5 月 28 日通车运营，历时 4 年，耗费了 10 万多吨钢材，所用钢丝的总长度达到 12 万千米，足以绕赤道 3 圈。金门大桥总耗资约 3 550 万美元，主桥全长 1 967.3 米，是当时世界上跨距最大的悬索桥。

随着科学技术的不断进步，如今世界上涌现出了许多比金门大桥规模更大、更先进的大桥。但是金门大桥的意义却是无可替代的，它象征了人类对梦想的大胆追求，将鸿沟天堑化为平坦通途的决心，在历史与未来、碧海和蓝天之间矗立于金门海峡之上，宣示着自己独一无二的伟岸与魅力。

世界上最长的跨海大桥——港珠澳大桥

港珠澳大桥是中国境内的一座连接香

金门大桥

港、珠海和澳门的桥隧工程，位于我国广东省珠江口伶仃洋海域内，为珠江三角洲地区环线高速公路南环段。

港珠澳大桥于 2009 年 12 月 15 日动工建设，于 2018 年 10 月 24 日上午 9 时开通运营。大桥东起香港国际机场附近的香港口岸人工岛，向西横跨伶仃洋水域连接珠海和澳门人工岛。桥隧全长 55 千米，是目前世界上最长的跨海大桥。工程项目总投资额 1 269 亿元，因其超大的建筑规模、空前的施工难度和顶尖的建造技术而闻名世界。

岛隧工程的建设者们凭借对高品质的不懈追求和对工程细节的极致雕琢，在建造过程中创下了多项世界纪录，成就了毫米级的对接精度及海底沉管隧道"滴水不漏"等奇迹，塑造了伶仃洋的最美地标建筑，再一次向世界完美诠释了中国的"大国重器"与"工匠精神"！

港珠澳大桥

世界上最长的海底隧道——青函隧道

青函隧道是连通日本本州与北海道的纽带，隧道连通津轻海峡两端，全长 54 千米，

青函隧道

是世界上最长的海底隧道。1988 年青函隧道正式通车，结束了日本本州与北海道之间只靠海上运输的历史。海底隧道不仅可以方便通行，还可为大容量光纤通信电缆、高压输电线、天然气管道的铺设等提供便利。海底隧道具有独特的优势，因为建在海底，台风、雷暴等灾害性天气几乎不会影响隧道的通行。海底隧道不占陆地与海面空间，不妨碍船舶航行，是一种安全便利的全天候海底通道。

世界上第一条海底电缆——1850 年在法国和英国之间铺设

海底电缆是用绝缘材料包裹的电缆，铺设在海底，用于电信传输。海底电缆分海底通信电缆和海底电力电缆。1850 年，英国人约翰·布雷特和雅各布·布雷特兄弟在加莱（法国）和多弗（英国）之间铺设了世界上第一条海底电缆。

19 世纪 50 年代，大西洋两岸作为当时的世界经济中心，经济贸易往来频繁，可受限于当时的通信方法，信息从纽约传到伦敦至少需要两周。为此人们希望通过在海底铺设电缆，使用电信号来传递信息，于是布雷特兄弟开始尝试在加莱（法国）和多弗（英国）之间铺设海底电缆，他们成功用一条小拇指粗细的电缆建成了跨越英吉利海峡沟通大不列颠岛和法国海岸的长达 35 千米的海底通信线路。

在这次尝试中，关于海底电缆的架构和绝缘技术均取得了成功的验证，为后来跨洋电缆的铺设做出了巨大的贡献，也使世界的联系变得更为紧密。

世界海盐第一生产大国——中国

中国是世界海盐第一生产大国，年产量约 2 000 万吨。位于渤海岸的长芦盐场是全国第一大盐场，渤海区是我国历史最长、面积最大、质量最高、产量最高的海盐产区。另外还有两大著名盐场：台湾地区最大的盐场布袋盐场和海南最大的盐场莺歌海盐场。这些盐场生产的盐为我们的生产和生活提供了极大的便利。

海盐生产

海洋中能量密度最大的可再生资源——盐差能

淡水与海水之间有着很大的渗透压力差，盐差能就是指海水和淡水之间或两种含盐浓度不同的海水之间的化学电位差能，它是海洋能中能量密度最大的一种可再生能源，主要存在于河海交接处，同时也存在于淡水丰富地区的盐湖和地下盐矿中。通常海水与河水之间的化学电位差相当于 240 米高的水位落差。据估计，世界各河口区的盐差能蕴藏量达每小时 3.0×10^{13} 千瓦时，可利用的有 2.6×10^{12} 千瓦时。我国的盐差能蕴藏量约为每小时 1.1×10^{8} 千瓦时，主要集中在各大江河的出海口处。尽管目前国际上盐差能发电技术还不成熟，但清洁、可再生、能量巨大等优点使其具有相当广阔的发展前景。

世界上海带产量最高的国家——中国

你喜欢吃海带吗？海带，又叫江白菜，是一种生长在海洋中的大型食用藻类。它一般长 1.5 ～ 3 米，也就是说能有一层楼那么高。最长甚至可以达到 6 米，宽度在 15 ～ 50 厘米之间。

其实，海带并不是中国的本土物种，它是在 20 世纪 20 年代由日本引入中国的。

最开始在一些北方沿海城市养殖，例如大连、烟台和青岛。在 20 世纪 50 年代末，海带的人工养殖规模进一步扩大，并在江浙地区形成了大规模的养殖。如今，几乎各个沿海省份都有海带养殖的基地。中国也因此成为世界上海带养殖规模、养殖产量和加工产业规模最大的国家，全球近 90% 的养殖海带都产自中国！据统计，2019 年中国海水养殖海带产量达到了 162.4 万吨。

海带作为人们餐桌上的佳肴，除了美味

海带

之外，还具有丰富的营养。海带中含有种类齐全的氨基酸，可以为人体提供八种必需氨基酸。海带含有丰富的碘，食用海带可以起到预防和治疗甲状腺肿的作用。此外，海带中富含的多种维生素还可以有美肤美发，降血压、血脂和血糖等作用。

世界上海水养殖面积和总产量居首位的国家——中国

在 20 世纪 50 年代初，我国的海水养殖业可以说是一穷二白，当时我国的年总产量仅 45 万吨，人均占有量仅为 0.8 千克，也就是说当时每个人一年才能吃上一条鱼。之后，我国大力发展海水养殖，在经过几十年的努力之后，在 2019 年中国海水养殖面积达到 199.22 万公顷，产量达到 2 065.33 万吨。如今的中国已经成为世界上海水养殖最发达的国家，养殖面积和总产量均居世界首位。据统计，在 2020 年，中国的水产品人均占有量已达到 46.75 千克，意味着今天的中国人平均每人每周都可以吃上一条重 0.9 千克左右的鱼。伴随着海水养殖业的快速发展，人们餐桌上的海鲜种类会越来越丰富，食物的品质也会越来越优良。

海水养殖

世界上首次超级油轮溢油事件——1967 年 3 月"托雷·卡尼翁"号触礁溢油事件

1967 年 3 月，利比里亚籍超级油轮"托雷·卡尼翁"号从波斯湾驶往美国米尔福港时，在英国康沃尔郡锡利群岛附近海域触礁搁浅，断为两截后沉入海底，在其后的 10 天内溢油 10 万吨。当时英国、法国共出动 42 艘船只，使用了 1 万吨清洁剂，后英国首相又下令皇家空军将凝固汽油弹空投至事发水域，对部分溢出原油进行焚烧，全力清除溢油污染。但是溢油及有毒清洁剂仍然造成附近海域和沿岸大面积的严重污染，使英、法两国蒙受了巨大损失。

事件发生后，国际海事组织 (IMO) 为此召开特别会议就安全技术和法律问题进行讨论，专门成立了一个常设的"立法委员会"，并且为了防止船舶污染海域出台了著名的国际船舶防污染公约——《MARPOL73/78 防污染公约》。

第五章

历史文化

世界上最大的港口节日——汉堡港口节

1189 年 5 月 7 日，德意志皇帝腓特烈一世向汉堡签发特权，批准了汉堡从易北河下游至北海的船只都可以享受免税待遇。自此，5 月 7 日这一天被定为汉堡港的诞辰日。1911 年，在议员威尔姆博士的建议下，汉堡港口节正式成为公众节日。如今，汉堡港口节已经发展成为世界上最大的港口节日。

汉堡

世界上第一个国际海洋科学组织创始人—— 彼得松

奥托·彼得松出生于瑞典哥德堡，是海洋生物学的开拓者。

从小在海边长大的彼得松对海洋有着天然的亲切感。他热爱潜水，并对水温变化和水文状况进行了大量的研究。1878 年，他参加了对西伯利亚海的考察，回来后写出了《西伯利亚海海况》，并因此而获得金质奖章。

热爱海洋的彼得松，在科学研究的同时也非常关心海洋生态的安全。他于 1902 年在哥本哈根建立了国际海洋研究机构——国

彼得松

际海洋考察理事会，这是世界上第一个国际海洋科学组织，负责协调和促进海洋科学考察。彼得松在 60 岁时，辞去了教授的职务，开始在自家宅院里设立观测所，继续为海洋研究事业奉献自己的一份力量。

人类历史上首次完成环球航行的探险家——麦哲伦

我们生活的地球究竟是平的还是圆的呢？这个问题现在看来是非常简单的，但是对于几百年前的人们来说，这是一个没有人可以给出强有力证据的问题。但是，当伟大的麦哲伦率领他的船队完成了世界上第一次环球航行后，这个问题的答案就鲜有人再质疑了。

麦哲伦出生于葡萄牙一个没落的骑士家庭，16岁时进入了海务厅，并因此与海结缘，拥有了想要环球航行的愿望。后来他向葡萄牙国王申请进行环球航行，但是葡萄牙国王却对此并没有什么兴趣。

在他38岁时，麦哲伦受到了西班牙国王的接见，并借此机会，向西班牙国王请求资助环球航行，最后得到了西班牙国王的同意。

1519年8月，麦哲伦的船队浩浩荡荡，从西班牙的塞维利亚港出发了，一去就是三年。一路上麦哲伦经历了狂风骤雨、船长叛乱、食物紧缺，在行进至菲律宾时，因为参与了当地人的争斗而殒命。他同行的伙伴带着他的遗愿，在1522年9月绕地球一周，再次抵达西班牙，完成了首次全球航行。

麦哲伦

第一个到达南极点的探险家——阿蒙森

南极和北极一直都是人类心驰神往的地方，银白色世界的纯净与神秘，吸引着无数探险家，挪威出生的阿蒙森就是其中之一。

1910年8月9日，阿蒙森乘"费拉姆"号探险船从挪威起航，途中获悉英国海军军官斯科特组织的南极探险队早在两个月前就出发了，这对阿蒙森是个巨大的挑战。他决心夺取首登南极的桂冠，便加快步伐，经过4

个多月的艰难航行后，终于穿过南极圈，于1911年1月4日到达了南极大陆的鲸湾基地。

经过了近10个月的充分准备后，1911年10月19日，阿蒙森和4个伙伴又出发了。前半程他们靠雪橇和滑雪板前进，后半程只能自己爬坡越岭。12月14日，他们终于到达了南极点，成为抵达南极的第一人。

这次伟大的南极探险，轰动了整个世界，自此，南极的神秘面纱也逐渐被揭开。

阿蒙森

第一个对海水成分进行分析的科学家——拉瓦锡

海洋广袤而神秘，从有文字记载开始，人们就开始利用海水改善我们的生产生活。正如大家所知，海水和平时喝的淡水不同，味道苦咸。那么大家是否有疑问，是什么让海水如此苦咸呢？

带着这样的疑问，在1772年，法国化学家拉瓦锡对海水的组成进行了第一次分析测定。让人们知道了海水中除了水，还有其他组成成分。拉瓦锡测定海水含有多种碳酸盐、钠盐、镁盐等成分。

通过现在的科技手段，人们对于海水的成分的认知越发深入，主要成分的测定与拉瓦锡的结果无异。目前世界上自然存在的元

拉瓦锡

素，除了部分放射性元素，其他元素均可在海水中找到。

世界上第一艘羊皮潜水艇研制者——德雷布尔

1620 年，世界上第一艘羊皮潜水艇潜到了 3 米深的水下，这便是现代潜艇的雏形。它的研制者是荷兰裔英国人克尼利厄斯·雅布斯纵·德雷布尔。他是一位物理学家、发明家，被后人称为"潜艇之父"。德雷布尔参考威廉·伯恩的设计，建造了世界上第一艘可以装载 12 名水手、用 12 支桨在水中划动的潜艇。在那个时候，这可是非常了不

德雷布尔

起的设计。后来，他又成功制造并测试了三艘潜艇，而且，这三艘潜艇一艘比一艘大，最大的一艘潜艇能够承载 16 个乘客，当时的国王詹姆士一世和几千名伦敦民众共同见证了它的试航。后来，在泰晤士河水下的一次潜艇测试中，德雷布尔还邀请詹姆士一世同行，而詹姆士一世也成了世界上第一位在水下旅行的君王。

世界上第一位从事海洋研究的女性海洋动物学家——拉思本

翻开海洋科学史，我们不时会发现曼妙的女性身影，其中一位便是玛丽·简·拉思本。她是美国的海洋动物学家，以奠定甲壳纲的分类学基础而闻名于世，也是世界上第一位从事海洋研究的女性海洋动物学家。

1887 年，拉思本被派到了国家博物馆海洋无脊椎动物部工作。1891 年，拉思本开始撰写关于甲壳纲动物分类的科学论文，先后发表了 158 篇相关论文，数量惊人。她关于方蟹科、蜘蛛蟹科、黄道蟹科和尖口蟹科的四部专题著作都由美国国家博物馆出版。

拉思本

拉普拉斯对海洋科学方面的贡献在于他于1775年创立的大洋潮汐动力学理论。他的大洋潮汐动力学理论解释了在一些半封闭的海湾、近海和大洋中，有时出现水平面没有升降现象的无潮点，同潮时线绕无潮点做顺时针或者逆时针旋转的现象，从而证实了大洋分潮波的基本运动形态为螺旋潮波系统。同时，他还计算出了各个主要分潮在世界大洋中的分布。

拉普拉斯一生共研究了100多个重大课题，为人类的进步做出了巨大的贡献。

除了科学研究，拉思本对音乐和戏剧也有很深造诣，她经常参加在华盛顿举行的音乐会。而且，善良的拉思本还是一位红十字会志愿者，充满了爱心。

大洋潮汐动力学理论首创者——拉普拉斯

皮埃尔·西蒙·拉普拉斯被誉为"法国的牛顿"和"天体力学之父"。他不仅是著名的数学家、天文学家、天体力学的主要奠基人和天体演化学的创始人之一，还是大洋潮汐动力学理论的首创者。拉普拉斯是科学界的全才式人物，也是一个被历史铭记的人物。

拉普拉斯

第一个将流体动力学方程式运用到大气和海洋环流研究中的科学家——费雷尔

威廉·费雷尔是美国著名的气象学家，也是第一个将流体动力学方程式运用到大气和海洋环流研究中的科学家，以他的名字命名的"费雷尔定律"和"费雷尔环流"为世人津津乐道。

费雷尔

在1856年发表的《试论风和大洋洋流》中，费雷尔就提出了"费雷尔环流"。尽管有争议，但这是人类第一次尝试为中纬度西风带的产生寻求科学解释进行的努力。之后

他又在《与地球表面的流体和固体有关的运动》中提出了"费雷尔定律"，这为他赢得了地球物理流体力学重要奠基人的称号。也正是费雷尔把数学的方法运用到气象学中，使数学成为气象学研究的重要方法。

世界上第一幅航海图的绘制者——莫里

19 世纪中叶以前，为了避免风险，许多船只都绕远路走熟悉的路线，往往会多走好多的冤枉路，这种舍近求远看起来十分不可思议。直到莫里航海图的出现，才改变了这一状况。

莫里作为海军学校的学员加入美国海军，1830 年完成了环球航行，看上去有一个非常光明的未来，但他在1839 年接受新任务的途中意外遭遇了交通事故，腿上落下了残疾，于是美国海军便将他安排到了办公室，担任图表和仪器的负责人。正是在那里，莫里找到了自己的最终归宿。

1855 年，莫里的权威著作《关于海洋的物理地理学》出版了。此时，莫里已经绘制了 120 万个数据点了。莫里还为人们奉

献了记录海洋数据的具体方法，世界各国海军和商船都用它来绘制航线图。

世界海水温差发电第一人——克劳德

夜幕落下，街头霓虹灯闪烁，这大概是每个城市都很熟悉的景象吧，那你知道是谁发明了霓虹灯吗？他就是法国的工程师、化学家、发明家乔治·克劳德。他不光发明了霓虹灯，还是第一个用海水温差发电的人。

克劳德

克劳德于1926年开始了对发展新能源的研究。而此时，他的老师阿松瓦尔在45年前的一个设想进入了他的视野，那就是利用海水温差发电。克劳德试验成功了，可是许多杰出的科学家却对他的理论产生了质疑。为了回应这些质疑的声音，执着的克劳德在古巴投资建立了一个利用海水温差进行发电的发电厂，证明了海水温差发电的确有很大的可行性。由此，他被称为"世界海水温差发电第一人"。

世界上最早闯入深海的生物学家——毕比

深海世界深邃而迷人，无数人为之倾倒。当下，深潜成了非常吸引人的探险娱乐项目。可是在一个多世纪以前，深海还是一片冷寂之地，根本无法想象现在这样热闹的景象。是美国的毕比打破了深海的沉寂，将人们带进了这一陌生的世界。

20世纪20年代后期，毕比的目光开始投向海洋。1928年，毕比在报纸上表达了自己想去海底探险的梦想，此后许多发明家不断给他提供各种潜艇设计构想，最终巴顿（深海潜水家、发明家、探险家）的设计吸引了他。1929年，他与巴顿合作，并为巴顿的设计起了一个名字：深海潜水球。

毕比

1930 年，深海潜水球终于下海，进行了第一次试潜。到 1934 年，毕比和巴顿一共进行了 16 次深海潜水。通过潜水球的小窗口，毕比看到了各种奇异而美丽的深海生物，这让毕比感到特别兴奋。

20 世纪 30 年代后期，领略过深海魅力的毕比又从深海回到了浅海，继续进行海洋生物研究。

近代海洋地质学的创始人——默里

默里是英国海洋学家、海底研究专家，也是近代海洋科学的奠基者之一。

从 1868 年起，默里开始从事海洋生物学研究。1872 年，他参加了汤姆逊领导的"挑战者"号环球海洋科学考察队。这次航海成就了默里以后在学界的地位，对默里意义重大。考察结束后，默里又完成了 50 卷的《挑战者号航海考察科学成果报告》的出版工作，这是海洋科学发展史上具有划时代意义的巨著，而他也被认为是近代海洋地质学的重要创始人。

由于他在海洋学方面的突出贡献，默里当选为彼得堡科学院通讯院士，后被封为爵士，英国皇家学会还授予他名誉学位和金质奖章。

默里

世界上暴风警报系统最早的设计者——菲茨罗伊

暴风警报，又称为烈风警报，是指气象机构对正在或即将遭遇相当于蒲福风级中的大风或者烈风（8～9级）的地点发出的警报。当暴风警报发出时，受风力影响较大的作业，例如海上作业，将会采取相应的应对措施，以保护从业人员的人身财产安全。

早在1860年，英国海军中将、水文地理学家、气象学家罗伯特·菲茨罗伊，由于英国被卷入海战，战争受暴风影响较大，因此就展开了有关暴风警报的工作。

菲茨罗伊在船上安装自己发明的便携式气压计、温度表、风速仪等海洋气象要素仪器，将收集的数据进行整理汇总，并绘制到地图上。最终，菲茨罗伊做出了世界上第一个暴风警报和天气预报，尽管准确度不是很高，但是在当时有着重要的意义。

作为"天气预报之父"，他公开了他的学术成就，造福人类。

暴风

现代海洋科学的奠基人——斯维尔德鲁普

斯维尔德鲁普是挪威的海洋学家、气象学家，是现代海洋科学的奠基人、现代物理海洋学和海洋气象学巨匠。

斯维尔德鲁普

1936年，斯维尔德鲁普担任海洋研究所所长。在任职期间，他培养了大批的海洋学家，包括我国著名物理海洋学家赫崇本教授，可谓桃李满天下。1942年，他与约翰逊、弗莱明合著了综合性海洋学巨著《海洋》，这本书详细介绍了海洋学综合性知识，被誉为海洋学家的"圣典"。

斯韦尔德鲁普一生荣誉无数，美国气象学会还专门设立了斯韦尔德鲁普金质奖章，用来表彰在海洋和大气相互作用领域做出杰出贡献的海洋科学家。

近代海流学研究的开拓者——埃克曼

埃克曼在近代海洋科学领域十分知名，不到30岁就研制出以自己的名字命名的海流计，还推导出一个海水平均压缩率的经验公式。在海流研究方面他做出了卓越的贡献，被誉为"现代物理海洋学的第一人"。

出生于瑞典首都斯德哥尔摩的埃克曼，1902年从乌普萨拉大学获博士学位后即进入奥斯陆国际海洋研究室，在挪威气象学家、物理学家皮耶克尼斯和挪威海洋学家南森的指导下工作，直至1909年。他以研究海流动力学而著称，是国际上物理海洋学的先驱。为纪念他取得的成就，以其名字命名的术语还有埃克曼层、埃克曼输送、埃克曼漂流等。

埃克曼

首次成功下潜至马里亚纳海沟最深处的科学考察——沃尔什与皮卡德深海潜水

海洋的深邃让许多人无比向往。到海洋更深处去挑战是无数海洋科学家的梦想。正如人们所知，海洋的最深处是马里亚纳海沟，而人类第一次对马里亚纳海沟进行科学探索，是在20世纪60年代。

"的里雅斯特"号

唐·沃尔什是一名美国海军，他一直有着探索深渊的梦想。此外他还是一名海洋科学家，他所做的与海洋产业有关的研究造福了千万人，同样他也在美国政府担任各种职务。瑞士的雅克·皮卡德传承其父的衣钵，是一个发明家，与他父亲不同的是，他父亲青睐蓝天，而他着眼于深渊。

1960年，皮卡德搭乘着其父发明的"的里雅斯特"号深潜器，和沃尔什一起，向马里亚纳海沟进军，最深深度达到了11 000米，比世界上最高的山峰还多了2 000多米。

人类探索南方大陆的第一次远航——1768年英国航海家库克探险

詹姆斯·库克是英国著名的航海探险家，他一生中曾先后三次出海探索太平洋，将太平洋较完整地展现在人们面前，并为后人留下了许多珍贵的航行记录。人类探索南方大陆的第一次远航正是库克船长最为传奇的一次航行。

在英国政府的支持下，1768年8月26日，库克船长带领94名水手和学者乘"奋进"号来到太平洋塔西提岛观测"金星凌日"的天文奇观，在完成观察任务后，库克船长指挥船员继续向南航行寻找传说中的南方大陆。1769年10月，库克船长一行人到达新西兰，完成了世界首次绕新西兰南北岛的环岛航行，在继续西行十余天后，他们最终到达了植被茂盛的澳大利亚东南端，完成这次远洋航行的最终使命。1771年，"奋进"号抵达英国，这次传奇的航行就此落下帷幕。

库克船长

2005 年 1 月 9 日，中国南极内陆冰盖昆仑科考队到达了冰穹 A 的北高点

2004 年 12 月 13 日，中国第 21 次南极科考队从中山站出发，向冰穹 A 挺进。这条危机四伏的风雪之路上，冰缝的威胁、设备的限制和海拔的挑战对于队员们都是生死挑战。在历经 28 天的艰难跋涉后，2005 年 1 月 9 日，中国南极科考队终于进入了冰穹 A 的北高点，实现了人类第一次进入冰穹 A 的核心区域。经过一个多星期的详细勘测比对后，科考队确认找到南极冰盖最高点的精确位置：80°22'00"S、77°21'11"E，海拔 4 093 米。

人类首次进入南极冰盖冰穹 A 核心区域——2005 年 1 月 9 日，中国南极内陆冰盖昆仑科考队到达了冰穹 A 的北高点

海拔 4 093 米的南极冰盖最高点区域被称为"冰穹 A"，最温暖的夏季这里的气温也在零下 50 ℃左右，又被称为"不可接近之极"。而这片无人留下足迹的地方却有着极高的科考价值，在这里能够获取蕴含百万年历史数据的冰芯，为人类研究气候变化提供资料。

世界上第一个到达北极点的探险家——皮尔里

皮尔里·罗伯特·埃得温是美国探险家，他曾 3 次向北极点发起冲击。1902 年，

他抵达了 80°N，并在那里建立了几个仓库，为之后的北极探险打下了良好的基础。1905 年，他带着 200 多条狗和几个因纽特人家庭组成的庞大团队向北极点发起冲击，由于他们在建立补给站时遇到了极大的困难，最后只到达了 87°06′N。1909 年，皮尔里挑选了最精干的队员再一次向北极点发起冲刺，最终他们抵达了地球的顶端——北极点，实现了几百年来人们不断追寻的梦想。

皮尔里之行，解开了许多北极之谜，证明了北极点位于北冰洋中间的坚冰上，周围是为冰雪所覆盖的大海，没有陆地。他后来撰写了好几本有关旅行的书，《北极》一书是他记述自己最后取得胜利的一本著作，影响很大。皮尔里成功的经验被后来的探险者们广为借鉴。

世界上第一部综合性的海岸带管理法规——1972 年美国颁布的《海岸带管理法》

二战后，美国掀起了海洋开发的热潮，却严重破坏了海洋生态环境，人们纷纷呼

皮尔里

吁政府出台相关的法律法规保护海洋环境。1972 年，在参议院和众议院的努力下，世界上第一部综合性的海岸带管理法规《海岸带管理法》应运而生。

《海岸带管理法》从始至终都遵循了"联邦一致性"原则，要求美国海岸线各州根据管理法制定本州的海岸带管理办法，并且适用于州内所有与海岸线相关的资源，包括海岸线土地、水等多样的自然资源。

《海岸带管理法》第一次提出了海岸带综合管理的办法，而且因地制宜，考虑到了美国海岸带的特点。这部法规自从 1972 年出台起一共经历了 4 次修订，可以说是精益求精，为许多国家的海岸线管理做出了榜样，谱写了海洋法规的新篇章。

海岸

北极地区唯一具有足够国际色彩的政府间条约——《斯瓦尔巴条约》

北冰洋中的斯瓦尔巴群岛银装素裹、峰峦峻峭。探险家巴伦支、哈得逊发现这里有着丰富的生物、矿产等资源，欧洲各国十分眼红，却也不希望引起战争，于是在一次次谈判之后达成一致。1920年，英国、丹麦、挪威等18个国家签订了《斯瓦尔巴条约》。1925年，中国、苏联、德国等33个国家加入。《斯瓦尔巴条约》成为北极地区唯一具有足够国际色彩的政府间条约。

《斯瓦尔巴条约》确认了挪威是斯瓦尔巴群岛的主权国家，但协约国公民可以自由进入群岛，并在这里生产、经商。条约还规定，斯瓦尔巴群岛是非军事地区，将和平还给了这片纯洁安宁的冰雪天地。

《斯瓦尔巴条约》给了中国科考事业一张北极的"入场券"。斯瓦尔巴群岛成了中国北极科考的基地，2004年，黄河站建成，标志着中国的极地科考事业再攀高峰。

签订《斯瓦尔巴条约》

世界上最大的海洋自然保护区——罗斯海海洋保护区

海洋自然保护区是针对某种海洋保护对象划定的海域、岸段和海岛区，建立海洋自然保护区是保护海洋生物多样性和防止海洋生态环境恶化的最为有效的手段之一。在我国，有南麂列岛海洋自然保护区、厦门海洋珍稀生物自然保护区等自然保护区。

而在神秘且美丽的南大洋，靠近南极大陆的位置，有着世界上最大的海洋自然保护区——罗斯海海洋保护区。由于人类多年对南大洋和南极的无节制捕捞破坏，企鹅、鲸鱼等许多在罗斯海生活的生物数量锐减。

在 2016 年 10 月 28 日，南极海洋生物资源养护委员会第 35 届年会多国达成一致意见，成立"罗斯海海洋保护区"。该保护区是世界上最大的海洋保护区，覆盖海洋面积达 157 万平方千米，保护了企鹅、海豹、鲸类和无数其他生物的家园。

罗斯海海岸的企鹅

国际海洋法中最重要的国际公约——《联合国海洋法公约》

《联合国海洋法公约》是联合国主持制定的管理和使用世界海洋的国际公约，是迄今为止国际海洋法制度的最全面的总结，被称作当今世界开发利用海洋的"宪章"，它勾画了新的海洋秩序，影响了世界格局。该公约的制定和通过，标志着国际海洋秩序进入了一个新的发展阶段。

世界上第一个有关海洋环境保护的多边公约——《防止海洋石油污染国际公约》

《防止海洋石油污染国际公约》是有关海洋环境保护的第一个多边公约，得到了各国政府的普遍承认。它标志着人类在防止海洋环境污染方面迈出了决定性的第一步。

除此之外，有关海洋环境保护的主要国际公约还有《国际防止船舶污染海洋公约》《防止倾倒废物及其他物质污染海洋的公约》《关于干预公海油污染事件的国际公约》等。另外，很多区域性的公约也已制定实施。

保护海洋环境、防止污染海洋环境已成为人类共同遵守的准则和共同担负的使命。

历史文化

图书在版编目（CIP）数据

世界海洋之最 / 齐继光，丁剑玲主编 . -- 青岛：
中国海洋大学出版社，2022.4
ISBN 978-7-5670-2946-0

Ⅰ . ①世… Ⅱ . ①齐… ②丁… Ⅲ . ①海洋学—普及
读物 Ⅳ . ① P7-49

中国版本图书馆 CIP 数据核字 (2021) 第 201360 号

审图号：GS（2022）1417 号

世界海洋之最 SHIJIE HAIYANG ZHI ZUI

出版发行	中国海洋大学出版社有限公司	网　　址	http://pub.ouc.edu.cn
社　　址	青岛市香港东路23号	订购电话	0532 – 82032573（传真）
出 版 人	杨立敏	邮政编码	266071
责任编辑	邵成军 林婷婷	电子信箱	752638340@qq.com
装帧设计	王谦妮 陈龙	电　　话	0532 – 85902533
印　　制	青岛海蓝印刷有限责任公司	成品尺寸	185 mm × 225 mm
版　　次	2022年4月第1版	印　　张	8.5
印　　次	2022年4月第1次印刷	印　　数	1～3000
字　　数	137千	定　　价	59.00元

发现印装质量问题，请致电0532-88785354，由印刷厂负责调换。